网络空间安全重点规划丛书

网络安全运营

杨东晓 张锋 冯涛 韦早裕 编著

清华大学出版社

北京

内 容 简 介

本书系统介绍网络安全运营知识。全书共7章，主要内容包括企业信息系统的构建、企业信息系统安全运营、企业网络常见安全设备、态势感知、追踪溯源与取证、应急响应和灾难备份等。每章均提供思考题，以帮助读者总结知识点。

本书可作为高校信息安全、网络空间安全等专业的教材，也可作为网络工程、计算机技术应用培训教材，还可供网络安全运维人员、网络管理人员和对网络空间安全感兴趣的读者参考。

图书在版编目(CIP)数据

网络安全运营/杨东晓等编著.—北京：清华大学出版社，2020.7（2021.1重印）
（网络空间安全重点规划丛书）
ISBN 978-7-302-55719-7

Ⅰ.①网… Ⅱ.①杨… Ⅲ.①计算机网络－网络安全 Ⅳ.①TP393.08

中国版本图书馆CIP数据核字(2020)第110407号

责任编辑：张 民 战晓雷
封面设计：常雪影
责任校对：胡伟民
责任印制：杨 艳

出版发行：清华大学出版社
网 址：http://www.tup.com.cn，http://www.wqbook.com
地 址：北京清华大学学研大厦A座 **邮 编**：100084
社 总 机：010-62770175 **邮 购**：010-83470235
投稿与读者服务：010-62776969，c-service@tup.tsinghua.edu.cn
质量反馈：010-62772015，zhiliang@tup.tsinghua.edu.cn
课件下载：http://www.tup.com.cn，010-83470236
印 刷 者：北京富博印刷有限公司
装 订 者：北京市密云县京文制本装订厂
经 销：全国新华书店
开 本：185mm×260mm **印 张**：9.75 **字 数**：240千字
版 次：2020年8月第1版 **印 次**：2021年1月第2次印刷
定 价：36.00元

产品编号：085307-01

网络空间安全重点规划丛书

编审委员会

出版说明

21 世纪是信息时代，信息已成为社会发展的重要战略资源，社会的信息化已成为当今世界发展的潮流和核心，而信息安全在信息社会中将扮演极为重要的角色，它会直接关系到国家安全、企业经营和人们的日常生活。随着信息安全产业的快速发展，全球对信息安全人才的需求量不断增加，但我国目前信息安全人才极度匮乏，远远不能满足金融、商业、公安、军事和政府等部门的需求。要解决供需矛盾，必须加快信息安全人才的培养，以满足社会对信息安全人才的需求。为此，教育部继 2001 年批准在武汉大学开设信息安全本科专业之后，又批准了多所高等院校设立信息安全本科专业，而且许多高校和科研院所已设立了信息安全方向的具有硕士和博士学位授予权的学科点。

信息安全是计算机、通信、物理、数学等领域的交叉学科，对于这一新兴学科的培养模式和课程设置，各高校普遍缺乏经验，因此中国计算机学会教育专业委员会和清华大学出版社联合主办了“信息安全专业教育教学研讨会”等一系列研讨活动，并成立了“高等院校信息安全专业系列教材”编审委员会，由我国信息安全领域著名专家肖国镇教授担任编委会主任，指导“高等院校信息安全专业系列教材”的编写工作。编委会本着研究先行的指导原则，认真研讨国内外高等院校信息安全专业的教学体系和课程设置，进行了大量具有前瞻性的研究工作，而且这种研究工作将随着我国信息安全专业的发展不断深入。系列教材的作者都是既在本专业领域有深厚的学术造诣，又在教学第一线有丰富的教学经验的学者、专家。

该系列教材是我国第一套专门针对信息安全专业的教材，其特点是：

① 体系完整、结构合理、内容先进。

② 适应面广：能够满足信息安全、计算机、通信工程等相关专业对信息安全领域课程的教材要求。

③ 立体配套：除主教材外，还配有多媒体电子教案、习题与实验指导等。

④ 版本更新及时，紧跟科学技术的新发展。

在全力做好本版教材，满足学生用书的基础上，还经由专家的推荐和审定，遴选了一批国外信息安全领域优秀的教材加入系列教材中，以进一步满足大家对外版书的需求。“高等院校信息安全专业系列教材”已于 2006 年年初正式列入普通高等教育“十一五”国家级教材规划。

2007 年 6 月，教育部高等学校信息安全类专业教学指导委员会成立大会暨第一次会议在北京胜利召开。本次会议由教育部高等学校信息安全类专业教学指导委员会主任单位北京工业大学和北京电子科技学院主办,清华大学出版社协办。教育部高等学校信息安全类专业教学指导委员会的成立对我国信息安全专业的发展起到重要的指导和推动作用。2006 年,教育部给武汉大学下达了"信息安全专业指导性专业规范研制"的教学科研项目。2007 年起,该项目由教育部高等学校信息安全类专业教学指导委员会组织实施。在高教司和教指委的指导下,项目组团结一致,努力工作,克服困难,历时 5 年,制定出我国第一个信息安全专业指导性专业规范,于 2012 年年底通过经教育部高等教育司理工科教育处授权组织的专家组评审,并且已经得到武汉大学等许多高校的实际使用。2013 年,新一届教育部高等学校信息安全专业教学指导委员会成立。经组织审查和研究决定,2014 年,以教育部高等学校信息安全专业教学指导委员会的名义正式发布《高等学校信息安全专业指导性专业规范》(由清华大学出版社正式出版)。

2015 年 6 月,国务院学位委员会、教育部出台增设"网络空间安全"为一级学科的决定,将高校培养网络空间安全人才提到新的高度。2016 年 6 月,中央网络安全和信息化领导小组办公室(下文简称"中央网信办")、国家发展和改革委员会、教育部、科学技术部、工业和信息化部及人力资源和社会保障部六大部门联合发布《关于加强网络安全学科建设和人才培养的意见》(中网办发文〔2016〕4 号)。2019 年 6 月,教育部高等学校网络空间安全专业教学指导委员会召开成立大会。为贯彻落实《关于加强网络安全学科建设和人才培养的意见》,进一步深化高等教育教学改革,促进网络安全学科专业建设和人才培养,促进网络空间安全相关核心课程和教材建设,在教育部高等学校网络空间安全专业教学指导委员会和中央网信办组织的"网络空间安全教材体系建设研究"课题组的指导下,启动了"网络空间安全重点规划丛书"的工作,由教育部高等学校网络空间安全专业教学指导委员会秘书长封化民教授担任编委会主任。本规划丛书基于"高等院校信息安全专业系列教材"坚实的工作基础和成果、阵容强大的编审委员会和优秀的作者队伍,目前已有多部图书获得中央网信办与教育部指导和组织评选的"网络安全优秀教材奖",以及"普通高等教育本科国家级规划教材""普通高等教育精品教材""中国大学出版社图书奖"等多个奖项。

"网络空间安全重点规划丛书"将根据《高等学校信息安全专业指导性专业规范》(及后续版本)和相关教材建设课题组的研究成果不断更新和扩展,进一步体现科学性、系统性和新颖性,及时反映教学改革和课程建设的新成果,并随着我国网络空间安全学科的发展不断完善,力争为我国网络空间安全相关学科专业的本科和研究生教材建设、学术出版与人才培养做出更大的贡献。

我们的 E-mail 地址是:zhangm@tup.tsinghua.edu.cn,联系人:张民。

"网络空间安全重点规划丛书"编审委员会

前言

没有网络安全，就没有国家安全；没有网络安全人才，就没有网络安全。

为了更多、更快、更好地培养网络安全人才，许多学校都加大投入，聘请优秀教师，招收优秀学生，建设一流的网络空间安全专业。

网络空间安全专业建设需要体系化的培养方案、系统化的专业教材和专业化的师资队伍。优秀教材是网络空间安全专业人才的关键。但是，这是一项十分艰巨的任务。原因有二：其一，网络空间安全的涉及面非常广，至少包括密码学、数学、计算机、通信工程等多门学科，因此，其知识体系庞杂、梳理困难；其二，网络空间安全的实践性很强，技术发展更新非常快，对环境和师资要求也很高。

“网络安全运营”是网络空间安全和信息安全专业的基础课程，通过讲解企业信息系统的各方面知识让学生掌握网络安全运营基础知识。本书涉及的知识面较宽，共分为7章。第1章介绍企业信息系统的构建；第2章介绍企业信息系统安全运营；第3章介绍企业网常见安全设备；第4章介绍态势感知；第5章介绍追踪溯源与取证；第6章介绍应急响应；第7章介绍灾难备份。

本书既适合作为高校网络空间安全、信息安全等专业的教材，也适合网络安全研究人员作为网络空间安全领域的入门基础读物。随着新技术的不断发展，作者今后会不断更新本书内容。

由于作者水平有限，书中难免存在疏漏和不妥之处，欢迎读者批评指正。

作　者

2020年1月

目录

第1章 企业信息系统的构建

随着信息化技术的不断发展，越来越多的企业利用信息系统提高企业的生产效率。企业信息系统不仅能为企业运营管理提供基本的操作平台，而且能提供自动化办公等多种应用服务，信息系统的高效应用能大幅度提高企业的生产效率。本章首先介绍信息系统的基本概念，然后分析典型信息系统的设计需求，再介绍典型信息系统所包含的各种组件和服务器等，从而构建典型信息系统的网络拓扑结构，最后介绍典型信息系统经常遇到的各种安全威胁和现代网络安全观。

1.1 企业信息系统概述

信息系统(information system)是由计算机硬件、计算机软件、网络和通信设备、信息资源和信息用户组成的以处理信息为目的的人机系统。企业信息系统即服务主体为公司企业的信息系统。企业通过构造信息系统来采集、处理和分发数据，为组织运营与决策服务。

1.1.1 信息系统的组成

信息系统也指管理信息系统，是以管理科学、计算机科学、工程学、数学、控制论、系统论等为基础理论，以人为主导，利用计算机硬件、计算机软件、网络通信设备及其他办公设备，进行管理信息的收集、传输、加工、存储、更新和维护，以提高组织效率、改善组织效益为目标，支持组织高层决策、中层控制、基层运作的集成化人机系统。从上述定义可知，构成信息系统的核心要素是技术、人和组织。

1. 技术

技术要素是保障信息系统得以运行的基本支撑，是信息系统的物理构成。信息系统的技术要素包括数据、硬件和软件几个方面。

数据是指记录下来的各种原始资料，如文字、数字、声音和图像等。数据是信息系统生成信息的原材料，它是系统处理、管理的对象，贯穿于系统的各个环节，主要涉及数据库技术。

硬件是计算机物理设备的总称，也叫作硬件设备，由信息系统物理层的各项组成，包括服务器、工作站、通信设备、数据采集设备和数据存储介质等。

软件是指控制硬件运行并产生所需信息与结果的程序。信息系统依靠软件帮助终端用户使用计算机硬件，将数据加工转换成各类信息产品。软件用于完成数据的输入、处理、输出、存储和控制信息系统的活动。软件一般分为基础软件和信息系统软件。基础软件是指支持信息系统运行的系统软件,如操作系统、数据库系统等;信息系统软件是指处理特定应用的程序,如办公自动化软件、图书馆管理系统等。

2. 人

信息系统是以人为主体的人机系统,这里的人是指与信息系统相关的各种角色,他们开发、维护、管理、学习和使用信息系统,而信息系统向人反馈有价值的信息。信息系统中人的角色划分如表 1-1 所示。

表 1-1 信息系统中人员的角色划分

活动	典型角色	职责描述
建设	CEO	最高等级的信息系统经理,负责整个组织的信息系统战略规划和新兴技术的采纳
	系统程序员	负责通过某种程序语言实现信息系统中的相关功能
	系统测试员	负责设计和开发测试过程及测试用例,并执行测试,分析系统的测试结果
运维	Web 站点管理工程师	负责管理公司的 Web 服务器
	安全运营管理工程师	负责监督所有数据或计算机中心的日常运行,以及组织实施信息系统的安全规划、安全措施与安全审查等
	数据分析工程师	负责业务数据、客户数据、社交网络数据的挖掘分析
用户	管理层	根据信息系统汇总生成的组织运营绩效指标进行战术层、战略层的相关业务决策
	业务处理人员	利用信息系统完成相关业务处理工作

3. 组织

组织是指信息系统隶属的服务主体。系统帮助组织更加有效率地运作,获得更多的客户或改善客户的服务,并获得更多的收益,最终赢得竞争优势。组织有各种类型,例如政府、医疗机构、学校以及企业等。

组织是信息系统的领域环境,由于组织的社会属性,使得信息系统不再只属于技术系统,而是融合到更加复杂的社会技术系统中。信息系统与组织之间的关系如图 1-1 所示。

1.1.2 企业信息系统的功能

1. 信息处理

信息处理(information processing)是信息系统必备的基本功能,它一般包括信息的输入、存储、处理、输出和控制。

(1) 输入功能。信息系统的输入功能取决于系统所要达到的目的及系统的能力和信息环境的许可。它一般包括信息收集、信息整理、信息输入和正确性检查 4 个环节。

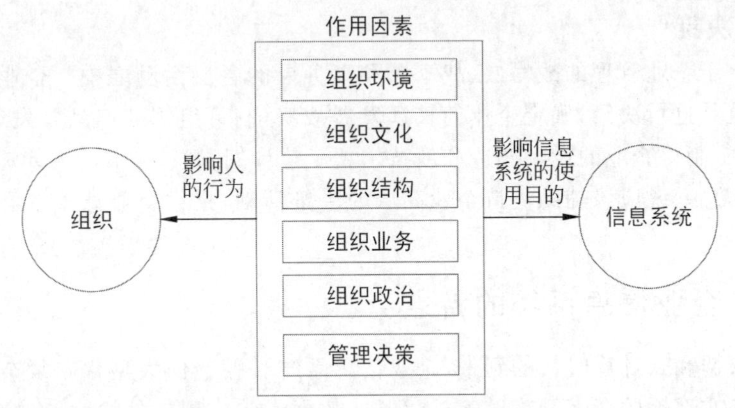

图1-1　信息系统与组织之间的关系

(2) 存储功能信息。存储功能指的是系统存储各种信息资料和数据的能力。企业信息系统需要保存大量的历史信息，还要保存大量新接收的外部信息，因此需要具备强大的信息存储能力，一般依赖于数据库技术。

(3) 处理功能。信息处理即信息加工，是信息系统最基本的功能。企业信息系统的作用就是把基础信息处理成对企业生产经营和管理有用的信息。信息加工的方法有计算、统计、查询、汇总、求模、排序和优化等，一般是基于数据仓库技术的联机分析处理(On-Line Analytical Processing，OLAP)和数据挖掘(Data Mining，DM)技术。

(4) 输出功能。信息输出是企业信息系统的必要功能。企业信息系统的各种功能都是为了保证最终输出的有用信息能被组织生产经营和管理所用。

(5) 控制功能。该功能是对构成系统的各种信息处理设备进行控制和管理，对整个信息输入、处理、传输、输出等环节通过各种程序进行控制。

2. 业务处理

业务处理(transaction processing)过程也是信息处理的一部分。企业信息系统通过业务处理来支持企业管理和办公的目标。根据处理的类型，可以把企业信息系统的业务处理分为联机事务处理和脱机事务处理两种类型。联机事务处理(On-Line Transaction Processing，OLTP)是指利用计算机网络将分布在不同地理位置的业务处理计算机设备或网络与业务管理中心网络连接，从而实现网络所有节点统一、实时的业务处理。脱机事务处理(Off-Line Transaction Processing，OFTP)是指信息系统并不直接参与实际的业务过程，而是在业务处理结束后定期将业务处理过程中的有关信息输入信息系统，并对输入的信息进行处理，输出组织管理决策所需要的有用信息。

3. 组织管理

企业信息系统应该支持处于企业中层的组织管理。从管理职能看，企业信息系统应支持企业的生产、财务、销售、科研、人事、后勤等全面的中层管理；从管理能力看，企业信息系统应各管理职能信息的收集提取、统计分析、控制反馈和企业中层的结构化决策。

4. 辅助决策

决策存在于企业管理的战略层、战术层和事务层的各层活动之中。企业高层管理者的主要工作就是进行决策，确定企业的长远发展战略，制订组织的产品开发计划，确定企业的销售布局，制订企业的设备改造和新技术新工艺计划，制订企业的人才需求和培养计划等。企业信息系统应该辅助支持企业高层的决策活动，提供企业总体发展规划的数据支撑。

1.1.3 企业信息系统的特点

随着大数据和云计算时代的到来，企业信息系统日益趋向大型化和复杂化。企业信息系统由分布式部署的众多网络设备、计算机、数据库和应用软件构成，有较高的资源共享和协同能力，在能源、电力、通信、交通、金融、教育文化等领域的应用日益广泛。企业信息系统主要具有以下特点。

(1) 规模庞大。企业信息系统规模庞大，有一些大型企业信息系统管理的设备甚至超过几十万台。当企业信息系统所管理的设备数量很大时，将存在更多、更复杂的安全威胁，也需要更健全的安全运营体系。

(2) 体系复杂。企业信息系统网络一般分为多个安全域，一般包括虚拟专用网、互联网和企业专用网(或涉密网)。某些行业(例如金融、通信运营商以及涉密单位)处理业务时必须使用自己的专用业务网络，这类网络不允许接入开放的、不安全的互联网。

(3) 类型繁多。企业信息系统中的设备类型繁多。设备分为计算设备、存储设备和安全设备等。其中，计算设备包括服务器、PC、笔记本电脑、移动智能终端(PAD和手机等)；存储设备包括NAS(Network Attached Storage，网络附属存储)、SAN(Storage Area Networking，存储区域网络)和各种公有云、私有云、数据库服务器等；安全设备分为边界防护、主机安全、通信安全、防毒、审计等安全设备，其中边界防护包括防火墙、入侵检测系统、入侵防御系统、Web应用防火墙等。

(4) 地域广泛。企业信息系统通常不会限定于固定的小范围内，而是广泛地分布在各个地区，甚至分布在世界各地。不同的地域对环境要求和业务需求不同，地域的广泛分布是企业信息系统的构建和安全运营体系建设面临的重要难题之一。

(5) 动态变化。企业信息系统随着业务需求变化以及自身运转，处在一个持续变化的动态过程中，通过与所在环境中的其他系统的相互作用，会不断地动态发展，表现出不断变化的特性。

1.2 系统需求分析与方案设计

一个系统构建的全过程必然是从提出问题、确定目标开始，通过分析与设计，再从实施到测试，最后以新系统替代旧系统。信息系统的建设是一个逐步完善的过程。系统总是在周期性运动中逐步发展的，也就是说，信息系统的构建过程是有生命周期特征的活动，如图1-2所示。

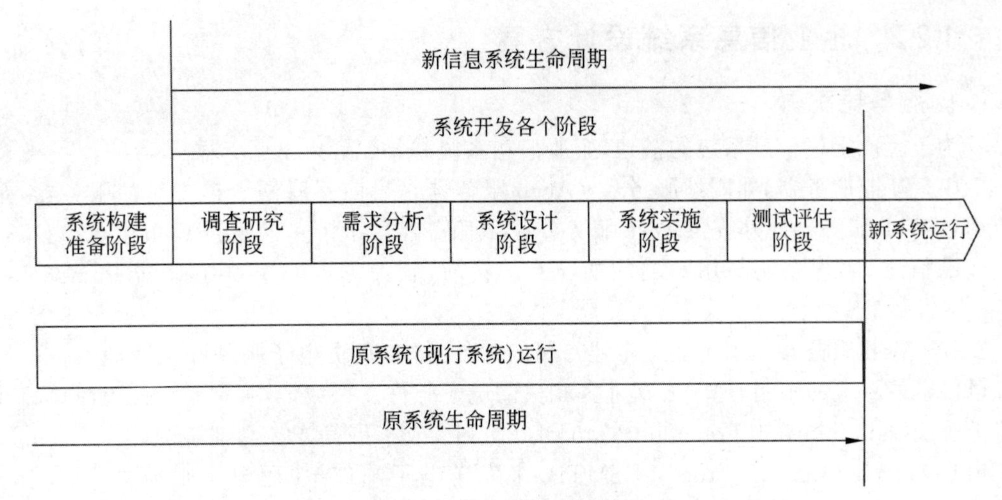

图 1-2　信息系统生命周期

本节主要针对中小型企业信息系统,详细介绍企业信息系统生命周期中的需求分析阶段和系统设计阶段。

1.2.1　企业信息系统需求分析

企业信息系统的总体需求是:构建一个统一、可靠和安全的自动化办公硬件平台系统,以满足企业信息化的需求。企业信息系统必须满足如下几点:

(1) 满足现代企业管理的统一,设计网络系统时增加对统一管理的要求。

(2) 满足现代企业自动化办公对网络带宽的苛刻要求,提供高性能的网络处理能力。

(3) 满足现代企业部门多、资源分配有限的现状,合理规划网络层次,实现最优的资源共享。

(4) 满足现代企业的发展及科技进步的需要,提供拓展能力强、升级灵活的网络环境。

(5) 满足现代企业对信息资源的共享与安全要求,提供完善的网络安全解决方案。

(6) 满足现代企业对办公效率及成本控制的要求,增加一套高效的网络应用解决方案。

在典型的企业信息系统中,一般包含公司的主页 Web 服务器、用于发送和接收邮件的邮件服务器、用于公文流转的办公自动化系统、用于文件上传和下载的文件服务器(FTP 服务器等)、用于存储代码的 SVN 服务器等。企业内部资源能方便地建立、传送与查询,实现各部门间的快速沟通、协助,简化公司内部资源管理作业流程,实现自动化无纸办公。除此之外,企业信息系统的构建还需要着眼于未来技术的发展,使现有网络具有更好的扩展性;保证网络稳定运行提供方便的监测和管理功能,最大程度地提高网管人员解决故障的效率;在有限的费用下完成既定的任务,并考虑合理应用服务器的带宽,保证所有资源能获得尽量大的效益。

1.2.2 企业信息系统设计方案

1. 服务器配置

为了完成上述信息系统的搭建，企业信息系统需要配置以下服务器：

(1) Web服务器，即网站服务器。Web服务器是目前互联网上最常见的服务器，企业通过Web服务器向外提供Web服务。Web服务器用于搭建企业的Web主页，发布企业产品信息，实现企业与用户之间的交互。目前，较为主流的Web服务器是Apache、Nginx以及IIS等。

(2) Mail服务器。用于建立企业专属的邮件系统，负责电子邮件收发管理。企业员工可以申请企业的邮箱，用于发送业务相关的电子邮件。一般地，邮件系统使用简单邮件传送协议(Simple Mail Transfer Protocol，SMTP)或扩展简单邮件传送协议(Extended Simple Mail Transfer Protocol，ESMTP)来发送电子邮件，使用电子邮局协议3(Post Office Protocol Version 3，POP3)或互联网消息访问协议(Internet Mail Access Protocol，IMAP)来接收电子邮件。

(3) FTP服务器。用于提供安全的内部网络资源共享与文件传输。用户通过支持FTP协议的客户机程序向FTP服务器程序发出命令，可以从FTP服务器中下载文件，也可向FTP服务器上传文件。

(4) SVN服务器。随着代码量的不断增加，软件的规模越来越大，软件的研发需要多人协作，SVN服务器可以保证多人研发时的代码同步。因此研发部门一般需要搭建一个SVN服务器作为集中式代码管理服务器。

(5) OA服务器，即办公自动化系统。为了提高企业的管理效率，企业一般需要搭建一个自动化办公平台用于日常管理。目前OA系统一般采用集中式部署、浏览器/服务器(Browser/Server，B/S)模式结构，即OA程序和数据集中存放在OA服务器上，OA系统用户的客户端无须安装专用软件，使用浏览器或移动设备通过网络即可访问OA服务器，这种模式便于OA系统的维护、管理和升级。

(6) 数据服务器，即数据库服务器，用于为用户提供数据服务。数据库服务器需具备安全稳定、容量大、并行运行、可恢复等特点，需要数据库管理员统一负责授权访问，并定期进行维护。数据服务器中存储各种数据，同时为了保证数据的存储，需要一个备份的数据库服务器用于存储公司的重要信息和数据。

2. 网络结构设计

网络采用层次化结构模型，核心层由高端路由器和核心交换机组成，汇聚层由用于实现策略的路由器和交换机组成，接入层由用于连接用户的低端交换机和无线接入点组成。使用3层网络结构的原因有两方面：一是这能提高网络对突发事故的自动容错能力，降低网络故障排错的难度，缩短排错时间；二是采用此网络结构有利于企业将来更灵活地对企业网进行升级、扩展。

3. VLAN设计

为了增强网络的安全性和集中化管理控制，可利用VLAN技术将由交换机连接成的物理网络划分成多个逻辑子网。在交换机上划分VLAN的方法有很多，一般为了满足具体使用过程中的需求，减轻用户在 VLAN 使用和维护中的工作量，可基于 IP 网段与部门划分 VLAN。表 1-2 给出了一种简单的划分结果。

表 1-2　VLAN 划分示例

VLAN 编号	部门	IP(192.168.＊.0)
VLAN1	机房(各类服务器专用)	192.168.1.0/24
VLAN2	企业主管	192.168.2.0/24
VLAN3	财务部	192.168.3.0/24
VLAN4	技术部	192.168.4.0/24
VLAN5	市场部	192.168.5.0/24
VLAN6	人事部	192.168.6.0/24
VLAN7	其他部门	192.168.7.0/24
VLAN8	无线网络	192.168.8.0/24

1.3 企业信息系统网络拓扑结构

根据企业信息系统的需求分析和方案设计建立的某个企业信息系统的网络拓扑结构如图 1-3 所示。该企业信息系统配置了 Web 服务器、Mail 服务器、数据服务器(两台)、

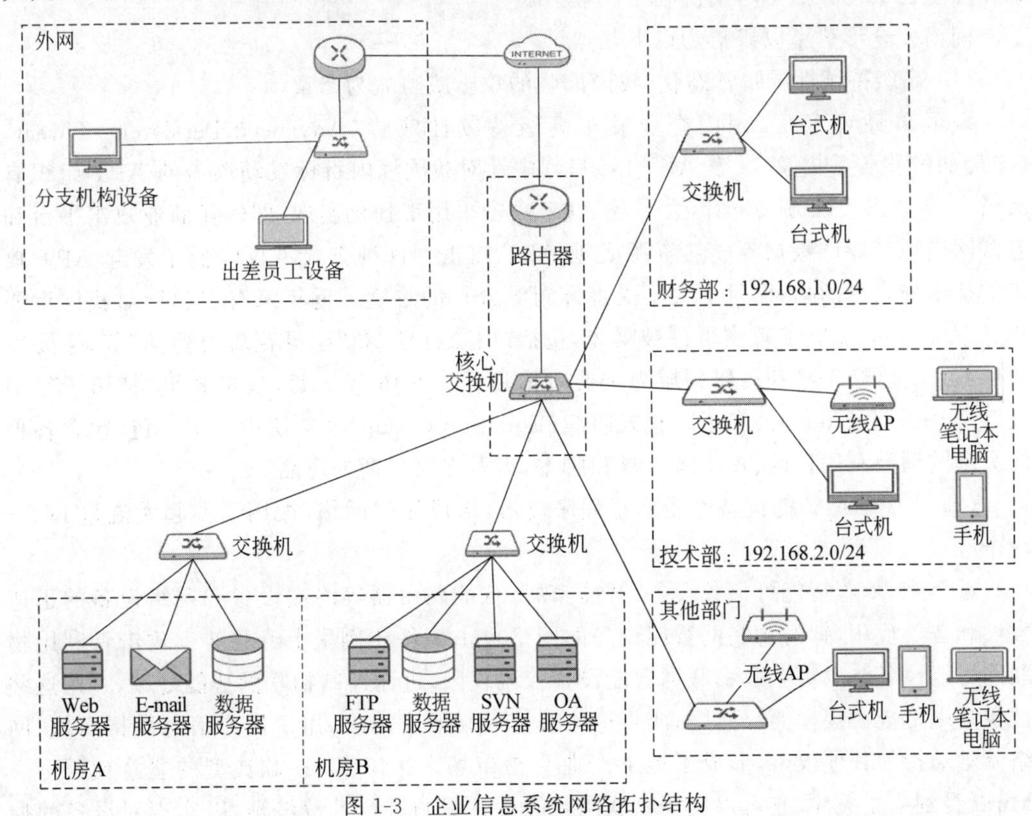

图 1-3　企业信息系统网络拓扑结构

FTP服务器、SVN服务器和OA服务器。其中，Web服务器、Mail服务器和一台数据服务器可被外网用户访问，放置于机房A；FTP服务器、SVN服务器、OA服务器以及用作异地备份的另一台数据服务器不允许外网用户访问，放置于机房B。企业内部不同部门的网络接入需求也不同，例如，财务部因为信息数据的敏感性，因此不能搭建无线局域网的接入点；而SVN服务器仅允许技术部访问，其他部门禁止访问SVN服务器。

如何最大限度地保障企业信息系统安全、稳定和可靠地运行是信息系统运营的核心工作，上述信息系统的网络拓扑结构看似完整，但实际缺乏一个重要的环节——安全。上述网络拓扑结构实际上体现了企业管理人员对信息系统安全运营组织与管理工作的认识严重不足，缺乏科学、规范的网络安全观。

1.4 网络安全观

1.4.1 网络安全形势

随着网络空间战略地位的日益提升，世界主要国家纷纷增强网络空间攻击能力，国家级网络冲突日益增多，网络安全形势日益严峻。从2010年伊朗核设施遭受震网病毒攻击，到2015年乌克兰基础电力设施遭受病毒攻击，再到2017年勒索病毒在全球的肆虐，显然安全已成为大数据时代的一个严峻话题。

网络安全形势可以概括为以下几点。

(1) 高级持续性威胁常态化，我国面临的攻击威胁尤为严重。

截至2018年年底，国内企业发布高级持续性威胁(Advanced Persistent Threat，APT)研究报告共提及53个APT组织，其中针对我国境内目标发动攻击的APT组织有38个。从攻击实现方式来看，大多数APT攻击采用工程化实现，即依托商业攻击平台和互联网黑色产业链数据等成熟资源实现APT攻击。这种方式不仅降低了发起APT攻击的技术和资源门槛，而且加大了受害方溯源分析的难度。近年来有多起针对我国重要信息系统实施的APT攻击事件被曝光，包括“白象行动”和“蔓灵花攻击行动”等，主要以我国教育、能源、军事和科研领域为主要攻击目标。2016年8月，攻击者组织“影子经纪人”(Shadow Brokers)公布了方程式组织(Equation Group)经常使用的工具包，包含各种防火墙的漏洞利用代码、攻击者工具和脚本，涉及多家厂商的产品。

(2) 大量联网智能设备遭受恶意程序攻击，形成僵尸网络，被用于发起大流量DDoS攻击。

近年来，随着智能可穿戴设备、智能家居、智能路由器等终端设备和网络设备的迅速发展和普及应用，针对物联网智能设备的网络攻击事件比例呈上升趋势。攻击者利用物联网智能设备漏洞可获取物联网智能设备控制权限，进而控制物联网智能终端，利用这些被控终端形成大规模僵尸网络，或将这些被控终端贩卖出去，用于用户信息数据窃取、网络流量劫持等其他攻击，形成了地下产业交易市场。2016年，一款典型的恶意代码——Mirai受到广泛关注，它可以利用物联网智能设备漏洞进行入侵渗透，以实现对设备的控制。攻击者利用 Mirai 病毒大肆控制被控设备，当被控设备数量积累到一定程度时，将形成一个庞大的僵尸网络，称为 Mirai 僵尸网络。因为物联网智能设备普遍实时在线，物联网智能终端设备(例如智能摄像头等)感染恶意程序后也不易被用户察觉，这样就形成了稳定的攻击源。攻击者利用 Mirai 病毒控制了大量的摄像头设备，从而导致美国东海岸知名的域名服务商无法提供服务，致使很多知名网站无法访问。

(3) 网站数据和个人信息泄露屡见不鲜，衍生灾害严重。

由于互联网传统边界的消失，各种数据遍布在终端和云端，加上互联网黑色产业链的利益驱动，各种隐私数据也遭受各种安全威胁。2016 年，国内外网站数据和个人信息泄露事件频发，对政治、经济、社会的影响逐步加深，甚至个人生命安全也受到威胁。雅虎公司两次账户信息泄露涉及约 15 亿个个人账户，致使美国电信运营商威瑞森公司的 48 亿美元收购雅虎公司的计划搁置甚至可能取消。我国免疫规划系统网络被恶意入侵，2 万名儿童的信息被窃取并在网上被公开售卖；信息泄露导致精准诈骗案件频发，高考考生信息泄露间接夺去即将步入大学的女学生徐玉玉的生命；2016 年，公安机关共侦破侵犯个人信息的案件 1800 多起，查获各类公民个人信息 300 亿余条。此外，据新闻媒体报道，俄罗斯、墨西哥、土耳其、菲律宾、叙利亚、肯尼亚等多个国家政府的网站数据发生泄露。

(4) 敲诈勒索软件威胁本地数据和智能设备安全。

2016 年，在传统 PC 端捕获各种敲诈勒索类恶意程序样本约 1.9 万个。通过对敲诈勒索软件攻击对象的分析发现，敲诈勒索软件的攻击目标已逐渐由个人终端设备延伸至企业用户。2017 年发生的 WannaCry 勒索病毒事件是最具代表性的年度安全事件，影响了全球 150 多个国家。截至 2017 年 11 月，我国超过 3 万个企业的 200 多万台计算机遭到 WannaCry 的攻击。勒索病毒不但破坏了大量高价值数据，而且导致很多公共服务、重要业务、基础设施无法正常运行，例如，有的加油站无法正常加油，有些地方出入境签证、机动车牌号登记不能正常进行，英国有的医院甚至不能正常实施手术。金融、能源、电力、通信、交通等关键基础建设企业的信息系统是经济社会运行的神经中枢，是网络安全的重中之重，也是可能遭到重点攻击的目标。勒索病毒的高效变现能力给全球网络犯罪分子以巨大启发。可以预见，未来此类网络恐怖袭击将大行其道，甚至成为一种愈演愈烈的常态。

显然，现实世界和网络世界已经深度连接，线上线下正在深度融合，可以说整个社会都运行在互联网上，互联网已经成为像水、电和空气一样的基础设施。同时，安全问题已经泛化，已经不仅仅是计算机、手机中的木马病毒、数据泄露等纯粹网络空间的事情。企业管理层应深刻认识到网络安全形势的严峻性，树立科学、规范的网络安全观。

1.4.2　现代网络安全观

目前政企机构常见的错误网络安全观的主要表现如下：安全管理以免责为目标；害怕暴露问题，存在侥幸心理；关心自身损失，忽视社会责任；缺乏动态防御与应急响应意识。

企业管理层应树立科学、规范的现代网络安全观，保障企业信息系统的安全运营。企业管理层在建立管理规章、规划安全运营体系时，必须认识到以下两大失效定律：

（1）一切违背人性的技术与管理措施都一定会失效。

（2）一切没有技术手段保障的管理措施一定会失效。

信息系统安全技术的发展主要经历了3个时代：在第一个时代，病毒初生，且技术简单、数量有限；在第二个时代，木马开始产业化，海量恶意样本出现，其行为更加复杂；在第三个时代，随着设备多样化、系统复杂化以及攻击多源化，恶意样本不再是攻击的唯一手段，甚至也不再是必要的手段。每一时代的时代背景、核心技术、对抗对象、安全目标以及对人的要求都是不同的，如表1-3所示。

表1-3　信息系统安全技术3个时代的比较

比较项	第一个时代	第二个时代	第三个时代
时代背景	病毒初生，技术简单，数量有限	木马产业化，样本海量化，行为复杂化	设备多样化，系统复杂化，攻击多源化
核心技术	特征码＋黑名单	白名单＋云查杀＋主动防御＋人工智能引擎	大数据＋人工智能＋协同联动
对抗对象	静态样本	样本与样本行为	攻击者与攻击行为
安全目标	先感染，后查杀	拒之门外	追踪溯源，感知未知，提前防御，快速响应
对人的要求	高	中	极高

面对严峻的网络安全形势，为建立更可靠、更完善的安全运营体系，企业管理层需要假设企业信息系统已出现最坏的情况，从而准备相应的解决办法。以下是企业需遵循的4个安全假设：

（1）假设一定有未知的安全漏洞。

（2）假设一定有已知但未修补的漏洞。

（3）假设系统已经被渗透。

（4）假设自己的员工不可靠。

政企机构是用户个人信息泄露事件的主要责任机构，要重视在政企机构内部业务系统中由于人的违规或恶意操作引发的安全问题。管理疏失的危险性大于网络攻击，主要体现在5个环节，分别是隔离、认证、管控、监控和审计。政企机构应建立相应的五大安全策略，即隔离策略、认证策略、管控策略、监控策略和审计策略，从而维护信息系统安全。

1.4.3　网络安全滑动标尺模型

SANS研究所的Robert M. Lee提出了一个动态安全模型——网络安全滑动标尺模型。该模型共包含5个阶段，分别为架构安全(architecture)、被动防御(passive defense)、积极防御(active defense)、威胁情报(intelligence)和进攻反制(offense)。这5个阶段之间具有连续性关系，并有效展示了防御逐步提升的理念。为了应对信息系统安全威胁，企业应建立一个类似的整体模型，结合已有的基础架构、安全防护措施构建叠加演进式框架，如图1-4所示。

图 1-4 网络安全滑动标尺模型

(1) 架构安全。在系统规划、建立和维护的过程中充分考虑安全防护。

(2) 被动防御。在无人员介入的情况下，构筑工事，建立塔防。构筑工事是指增强边界防御产品自主的防御能力，纵深防御是指建立纵深防御的体系。例如，当传统防火墙升级为下一代防火墙之后，开始展现出新的能力，如应用识别、用户识别、内容识别、威胁识别、资产识别、位置识别等，这些都是提升防火墙内在安全能力的手段。

(3) 积极防御。分析人员利用态势感知技术对网络内的威胁进行监控、响应、学习(经验)和应用(知识理解)。

(4) 威胁情报。收集数据，将数据转换为信息，并将信息加工为评估结果，以填补已知知识缺口的过程。

(5) 进攻反制。在友好网络之外对攻击者采取的直接行动(按照《中华人民共和国网络安全法》的要求，对于企业来说主要是通过法律手段对攻击者进行反击)。

现阶段大多数企业的信息系统安全工作都聚焦于架构安全和被动防御，而对积极防御和威胁情报则涉及较少。因此，在设计信息系统安全防护方案时，应该聚焦于回顾架构安全，补强被动防御，重点发展积极防御和威胁情报驱动，以有效提高企业的信息系统安全防护能力。

本书之后章节中将围绕前 4 个阶段来阐述，由于进攻反制主要涉及具体法律规定，在本书中将不详细介绍。

1.5 思考题

1. 简述信息系统的组成。
2. 简述信息系统与组织间的关系。
3. 企业信息系统有哪些特点？
4. 什么是信息系统的生命周期？

5. SVN 服务器的作用是什么？

6. 企业信息系统的建设有哪些需求？

7. 层次化网络结构模型分为哪几层？

8. 简述现代网络安全观。

9. 简述网络安全滑动标尺模型的 5 个类别。

第 2 章 企业信息系统安全运营

随着信息系统建设与应用的深入，信息系统已渗透到企业运作的方方面面，企业信息系统的安全运营也显得更加重要，成为影响信息系统应用效果的重要因素和深入发展的主要瓶颈。本章首先介绍企业信息系统安全运营的基本概念，接着探讨企业信息系统安全防护体系的建设以及安全防护设备的规划，最后详细分析企业信息系统安全运维体系的建设。

2.1 信息系统安全运营概述

信息系统安全运营是指为应对动态变化的安全环境，在信息系统交付运行后，对其进行的安全防护、安全运行与维护，从而提高信息系统的运行效率，降低安全风险。这里需要强调，信息系统安全运营是信息系统生命周期的最后一个阶段，可将信息系统安全运营大致分为信息系统安全防护和信息系统安全运维。

2.1.1 企业信息系统安全运营需求

信息系统安全主要分为物理安全、网络安全、主机安全、应用安全和数据安全 5 个层次，但企业信息系统不同于普通的信息系统，两者在安全需求方面存在较大差距，主要体现在以下方面。

1. 网络安全方面

企业信息系统的网络结构和网络拓扑结构比普通信息系统复杂，所以单一的网络安全策略和技术手段无法胜任。

2. 主机安全方面

由于企业信息系统的设备类型繁多，各种设备所使用的操作系统和服务不同，要管理诸多设备，并保证所有的安全设备存在同一安全基线和安全状态，是非常困难的。并且当操作系统补丁出来后，需要分阶段完成主机的补丁升级。

3. 应用安全方面

由于企业信息系统所涉及的业务种类繁多，业务相关的应用不断增加且类型多样，除使用常规的安全应用软件外，还有必要有针对性地开发适用于当前企业规模及信息系统的安全管理应用，并实施有效的管理策略。

4. 数据安全方面

企业信息系统的数据量庞大，数据类型也异常复杂，系统中海量的多源异构数据使得安全和隐私保护工作的难度增加。

信息系统安全运营建设目标可以概括为 6 点，分别是进不来、拿不走、看不懂、改不了、跑不掉、打不垮，信息系统中所有的安全设备的建设、安全管理制度的制定和安全策略的实施都是围绕企业信息系统的这 6 个目标进行的。

(1) 进不来。应用访问控制机制，阻止非授权用户进入信息系统。

(2) 拿不走。应用授权机制，实现对用户的权限控制，即不该拿走的“拿不走”。

(3) 看不懂。应用加密机制，确保信息不暴露给未授权的实体，从而实现信息的保密性。

(4) 改不了。应用数据完整性鉴别机制，保证只有有权限的人才能修改数据。

(5) 跑不掉。应用审计、监控等安全机制，对行为进行实时跟踪和记录，一旦发现攻击，立刻提供调查依据和手段。

(6) 打不垮。采用各项安全防御技术和灾备技术手段，实现抵御自然灾害及恶意攻击、维护信息系统正常运行的目标。

2.1.2 信息系统安全等级划分

企业信息系统有着规模庞大、体系复杂、类型繁多、地域广泛和动态变化等特点，其面临的安全威胁也是复杂多样的。为了提高信息系统的信息安全防护能力，降低系统遭受各种攻击的风险，国家信息安全监管部门制定了信息安全等级保护制度。信息安全等级保护制度是国家信息安全保障工作的基础，也是一项事关国家安全、社会稳定的政治任务。

对企业信息系统的安全需求进行等级划分，有利于开展安全规划、设计与实施工作，满足各种安全需求，对企业信息系统的建设和管理有着重要的指导意义和实践价值。

《信息安全等级保护管理办法》规定，信息系统的安全保护等级分为以下 5 级：

(1) 第一级，信息系统受到破坏后，会对公民、法人和其他组织的合法权益造成损害，但不损害国家安全、社会秩序和公共利益。第一级信息系统运营、使用单位应当依据国家有关管理规范和技术标准进行保护。

(2) 第二级，信息系统受到破坏后，会对公民、法人和其他组织的合法权益产生严重损害，或者对社会秩序和公共利益造成损害，但不损害国家安全。国家信息安全监管部门对该级信息系统安全保护工作进行指导。

(3) 第三级，信息系统受到破坏后，会对社会秩序和公共利益造成严重损害，或者对国家安全造成损害。国家信息安全监管部门对该级信息系统安全保护工作进行监督、检查。

(4) 第四级，信息系统受到破坏后，会对社会秩序和公共利益造成特别严重的损害，或者对国家安全造成严重损害。国家信息安全监管部门对该级信息系统安全保护工作进行强制监督、检查。

(5) 第五级，信息系统受到破坏后，会对国家安全造成特别严重损害。国家信息安全监管部门对该级信息系统安全保护工作进行专门监督、检查。

信息系统安全等级测评是验证信息系统是否满足相应安全保护等级的评估过程。信息安全等级保护要求不同安全等级的信息系统应具有不同的安全保护能力。一方面，在安全技术和安全管理上选用与安全等级相适应的安全控制；另一方面，将分布在信息系统中的安全技术和安全管理上不同的安全控制通过连接、交互、依赖、协调、协同等关系相互关联，共同作用于信息系统的安全功能，使信息系统的整体安全功能与信息系统的结构以及安全控制间、层面间和区域间的密切相关。因此，信息系统安全等级测评要在安全控制测评的基础上进行系统整体测评。

《信息安全等级保护管理办法》从 2007 年开始实施。为了适应现阶段网络安全的新形势、新变化以及新技术、新应用发展的要求，2018 年，公安部发布《网络安全等级保护条例(征求意见稿)》。2019 年 5 月 13 日，国家市场监督管理总局、国家标准化管理委员会正式发布《信息安全技术网络安全等级保护基本要求》《信息安全技术网络安全等级保护测评要求》《信息安全技术网络安全等级保护安全设计技术要求》等国家标准，这些标准将于 2019 年 12 月 1 日开始实施。

2.1.3　信息系统安全运营架构

针对信息系统的网络安全服务有 5 个基本目标，即可用性、保密性、完整性、真实性和不可否认性。围绕这 5 个基本目标，网络安全行业根据网络安全态势和安全技术的发展曾提出多种安全体系(如 PDRR 模型)。随着大数据、云计算、人工智能等新兴技术在安全领域的应用，攻防双方都有了长足的进步，针对企业信息系统应提出适应新的网络环境的安全体系架构。

1. PDRR 模型

PDRR 模型是最常见的安全运营模型。它包括防护(Protection)、检测(Detection)、响应(Response)和恢复(Recovery)4 个部分。这 4 个部分构成一个动态的信息系统安全运营周期。PDRR 模型如图 2-1 所示。

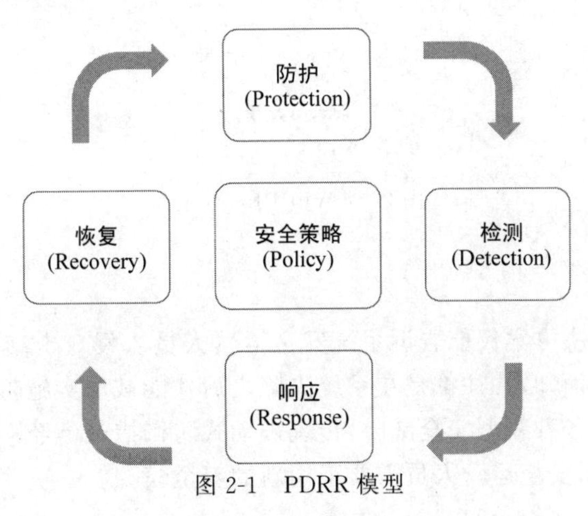

图 2-1　PDRR 模型

PDRR 模型的每一部分都包括一组相应的安全措施，能够完成一定的安全功能。安全策略的第一部分就是防护，根据系统已知的所有安全问题实施防御措施，如更新补丁程序、设置访问控制策略、对数据进行加密等。安全策略的第二部分就是检测，攻击者如果突破了防御系统，检测系统就能检测出来。这一部分的功能就是检测入侵者的身份。一旦检测出入侵，响应系统就开始响应。安全策略的最后一部分是系统恢复，在入侵事件发生后，将系统恢复到原来的状态。

2. WPDRRC 模型

WPDRRC 模型是我国 863 信息安全专家组在 PDRR 模型的基础上提出的适合中国国情的信息系统安全运营体系建设模型。WPDRRC 模型有 6 个环节和 3 大要素。6 个环节包括预警(Warning)、防护(Protection)、检测(Detection)、响应(Response)、恢复(Recovery)和反击(Counterattack)，它们具有较强的时序性和动态性，能够较好地反映出信息系统安全运营体系的预警能力、防护能力、检测能力、响应能力、恢复能力和反击能力。3 大要素包括人员、策略和技术。其中，人员是核心，策略是桥梁，技术是保证，落实在 WPDRRC 模型的 6 个环节的各个方面，将安全策略变为安全现实。WPDRRC 模型如图 2-2 所示。

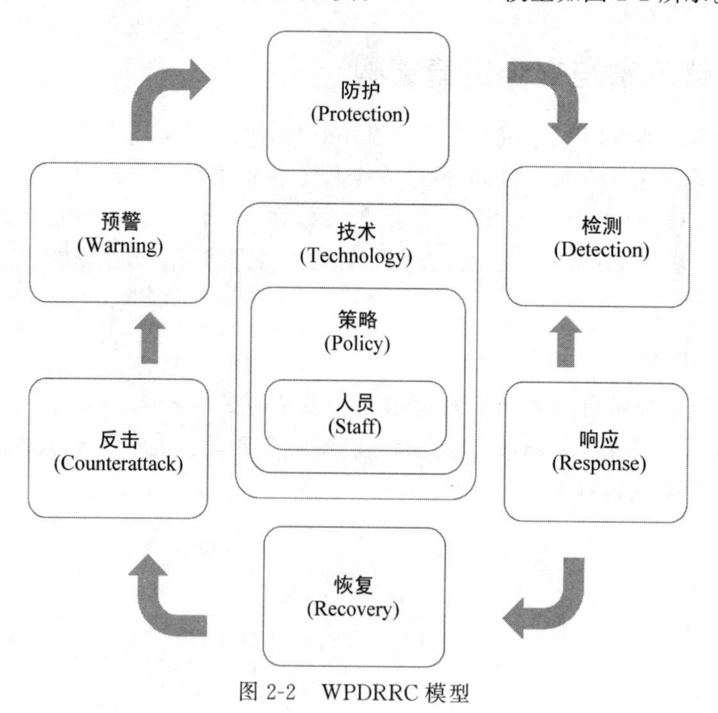

图 2-2　WPDRRC 模型

3. PPDR 模型

传统静态安全解决方案仅能告诉系统安全运营人员入侵攻击结果，安全运营人员对整个入侵过程却不得而知，往往都是在系统失陷之后才能被动实施防御，频频“挨打”自然也就不可避免。面对各种新型安全威胁，传统被动式防御措施已经不能满足安全需求，在当今的安全新形势下，安全运营人员需要采用新的安全模型。

当前业界主流安全企业和研究机构认可的 PPDR 模型是由 Predict（预测）、Prevent（防御）、Detect（检测）、Retrospect（回溯）4 个阶段组成的闭环安全防护模型，如图 2-3 所示。

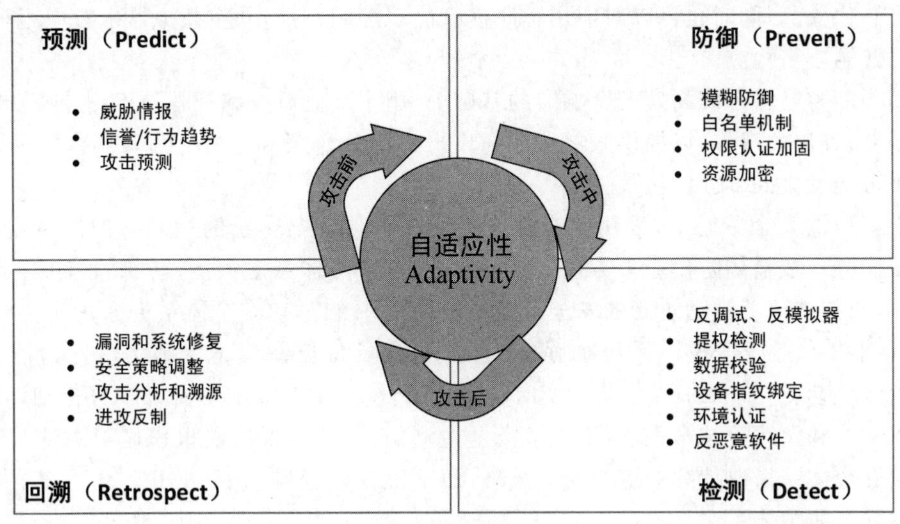

图 2-3　PPDR 模型

PPDR 安全运营体系是一种动态的、主动的、对抗性的战略思维。在此背景下，威胁预测(Predict)能力成为核心安全组件，根据威胁情报等预测结果做出相应安全防御(Prevent)动作，同时对潜在威胁风险进行持续检测(Detect)，并动态调整安全防护策略，对检测结果快速响应(Respond)，并进一步反馈和加强预测能力，形成安全闭环。

预测能力主要依赖于威胁情报。安全防护系统可从外部监控下的攻击者行动中学习，主动发现各种对现有系统以及信息的威胁和攻击，对漏洞划定等级和定位，并将情报反馈到防御和检测阶段，从而构成整个威胁处理流程的闭环。在安全能力层，预测能力要实现的目标是对恶意威胁的可见、可感知，获取 Who（谁在攻击）、How（如何攻击）、Where(在哪个区域进行攻击)和 What(将造成怎样的危害)这 4 个恶意攻击要素，帮助信息系统构建更具针对性、更为有效的安全防线。

防御能力是指可用于防御攻击的一系列策略集、产品和服务。基于威胁情报内容的主动安全防御，主要通过部署安全服务产品减少攻击面来提升攻击者的门槛，并在受影响前拦截攻击动作，例如通过应用安全加固和安全代码检测等加强应用保护。防御能力不仅需要提供系统安全保护、移动威胁情报、事前/事后应急响应等服务，同时还需要针对业务定向威胁提供贯穿生命周期的纵深防御体系，在将安全能力渗透到信息系统的各类终端的同时，还要把安全能力延伸至传输端以及云端。

检测能力用于发现那些逃过防御网络的攻击，其关键目标是降低威胁造成的“停摆时间”以及其他潜在的损失。检测能力非常关键，因为企业应该假设自己已处在被攻击状态中。检测功能的重点是对应用程序周围环境(例如设备或服务器)的检测，以确定它是否可以被信任。例如，程序完整性检查可以检测应用程序是否已被篡改，包括整个应用程序的校验，或者检查应用程序中包含的库和调用的清单等。检测阶段的主要目标是及时发现各类外部直接或潜伏的攻击。传统安全防护体系中的检测阶段是各企业投入最大且最依赖的部分，因此也是构建 PPDR 安全架构时最需要做出改变的阶段。

在安全能力层可以对病毒、木马、恶意代码等安全特征进行检测，并对自身风险、漏洞进行定制化检测，同时也可以对应用程序进行静态漏洞扫描，并在模拟器中对应用程序进行实时漏洞攻击检测。

回溯能力是在系统高效安全响应的基础上，用于高效调查和补救被检测分析功能（或外部服务）查出的事件，以提供入侵认证和攻击来源分析服务，并产生新的预防手段来避免未来可能发生的事故。

在新型的安全威胁下，采用 PPDR 自适应安全体系与传统的被动防护体系相比，有着诸多优势。在整体防护能力方面，PPDR 自适应安全体系融预测、防御、检测以及回溯于一体，与传统单一被动防御的安全策略相比，PPDR 自适应安全体系更加全面。在预防方面，PPDR 自适应安全体系更加强调攻防，初步具备反制攻击的能力。在检测方面，PPDR 自适应安全体系加强了自动实时检测，比传统的 IPS 或 IDS 更加积极主动，同时采用机器学习和蜜罐等技术手段，增强了安全检测的针对性，误报漏报率显著降低。PPDR 自适应安全体系采取持续响应的安全策略，而不仅仅处理应急响应，并建立了多层次、长纵深的安全防护体系。

在研究企业信息系统的特点并融合 PPDR 模型的基础上，奇安信集团提出企业信息系统安全运营体系建设的架构，如图 2-4 所示。

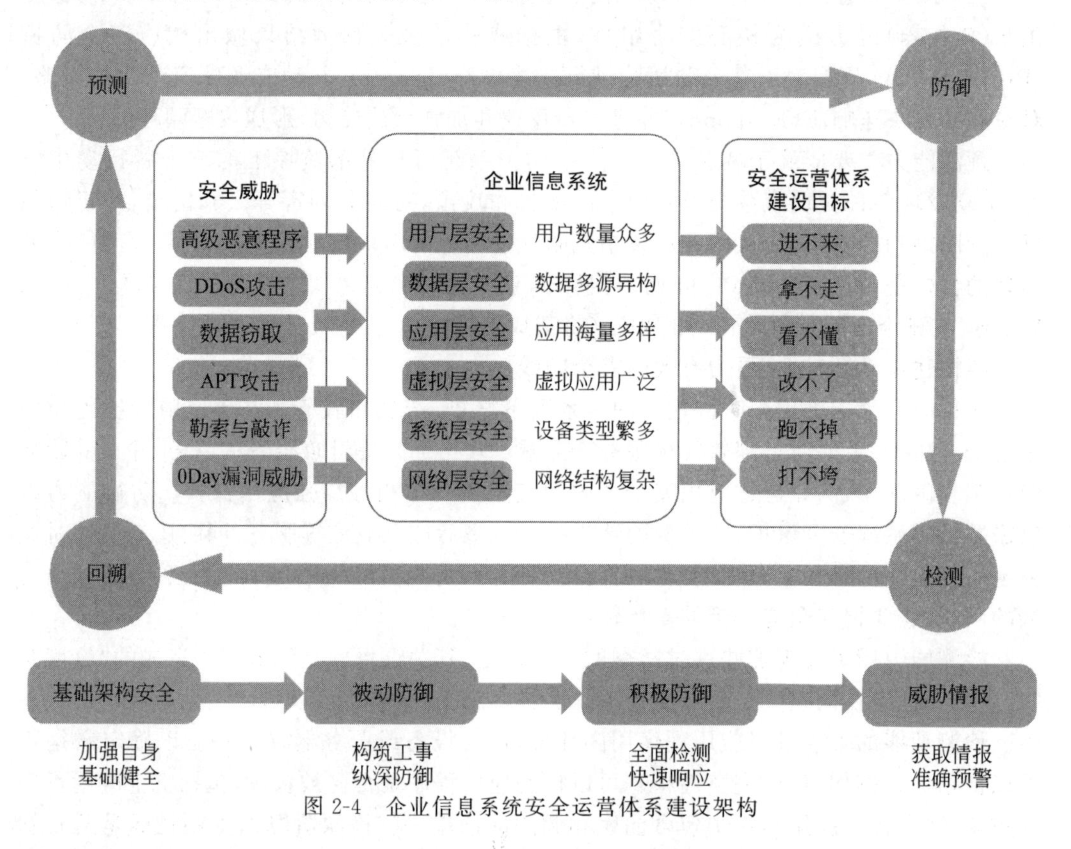

图 2-4　企业信息系统安全运营体系建设架构

企业信息系统安全运营体系的生命周期分为 4 个阶段：基础架构安全阶段、被动防御阶段、积极防御阶段和威胁情报阶段。为保障企业信息系统的正常运行，在应对高级恶意程序、DDoS 攻击、数据窃取、APT 攻击、勒索与敲诈、0Day 漏洞威胁等企业信息系统安全威胁时，利用 PPDR 模型来保护企业信息系统的网络层安全、系统层安全、虚拟层安全、应用层安全、数据层安全和用户层安全，以满足信息系统安全运营体系的建设目标，即进不来、拿不走、看不懂、改不了、跑不掉、打不垮。

企业信息系统网络结构复杂，网络层安全主要为信息系统能够在安全的网络环境中运行提供支持，确保网络系统安全运行并提供有效的网络服务；企业信息系统设备类型繁多，系统层安全要求在网络层安全的情况下，提供安全的操作系统，在终端层面上实现操作系统的安全运行；企业信息系统虚拟化应用广泛，虚拟层安全要求在网络层和系统层安全的情况下，在虚拟化环境中正常部署安全管控策略，确保虚拟机的安全运行；企业信息系统应用海量多样，应用层安全要求在网络层、系统层安全的支持下，实现内部网络 OA 软件、FTP 软件、数据库软件通过业务需求所确定的安全目标；企业信息系统的数据多源异构，数据层安全则重点关注信息系统中存储、传输、处理等过程的数据安全性；企业信息系统的用户数量众多，用户层安全要求对企业信息系统的用户进行安全可靠的身份认证和权限管理。

2.1.4　信息系统安全运营体系框架

为简化信息系统安全运营体系框架，这里将其分为信息系统安全防护框架和信息系统安全运维框架。其中，信息系统安全防护框架涵盖基础架构安全阶段和被动防御阶段，主要工作是规划基础安全和建设纵深防御。信息系统安全运维框架涵盖积极防御阶段和威胁情报阶段，主要进行预测、检测、告警、回溯和应急响应等维护工作。

为保障企业信息系统的安全，利用各种技术和管理手段达到基本的安全保护能力，信息系统安全防护框架需要满足信息系统安全运营体系建设的基本目标，即进不来、拿不走、看不懂、改不了、跑不掉、打不垮。信息安全防护框架从下至上可分为 6 个层面，分别为网络层安全管控、系统层安全管控、虚拟层安全管控、应用层安全管控、数据层安全管控及用户层安全管控，通过不同层面的安全管控实现纵深防御。

信息系统安全运维框架的主要工作是统一采集信息系统安全防护框架各安全传感器的监测信息，并通过黑名单、白名单、灰名单处理和关联分析处理监测信息并通过统一展示平台输出告警，进入事件处理平台和流程，人工介入处理，并对信息安全事件通过日报、周报汇总及总结的方式进行处理，形成信息安全运维的闭环式管理。同时需要定期对系统进行检测，对信息系统进行安全渗透测试，以期发现信息系统中存在的各种安全隐患，并需不断调整和完善安全策略，落实各种安全技术手段，以保障信息系统的安全。

2.1.5　信息系统安全运营原则

1. 技术与管理并重原则

很多企事业单位的管理者认为使用安全设备就能解决安全问题，但实际上并不是仅仅使用安全设备就一定能解决安全问题。安全运营体系是一个复杂的系统工程，涉及人、技术、管理、规章制度和操作流程等要素，单靠技术或单靠管理都不可能实现，因此，必须将各种安全技术与运行管理机制、人员思想教育与技术培训、安全规章制度建设相结合。信息安全三分靠技术，七分靠管理。同时，企事业单位的每个员工，从最高决策者、信息安全运营工程师到每个普通员工，都需要提高自身的信息安全意识，并重视信息安全。企事业单位应制定各种保障信息安全的规章制度，并在单位内部严格遵循各种信息安全管理制度，只有这样，才能保障企事业单位信息系统的安全。

2. 统筹规划与分步实施原则

由于环境、条件、时间的变化，攻击手段在不断演进，安全防护不可能一步到位。可以在一个比较全面的安全规划指导下，根据网络的实际要求，先建立基本的安全防护体系，保证基本和必要的安全性。网络安全规划应具有未来扩充性，随着网络安全的变化不断调整安全措施，适应新的网络环境，满足新的网络安全需求。

3. 同步规划建设原则

信息系统在新建、改建、扩建时应当同步规划和设计安全方案，在信息系统建设的初期就应该考虑网络安全问题，投入一定比例的资金建设网络安全设施，保障网络信息安全与信息系统建设同步。关键业务相关系统的稳定和安全运行是安全工作的核心，应当着重从系统全生命周期、全流程角度来同步考虑安全工作，使安全建设符合业务发展需要。

在信息系统安全运营体系建设中，以同步规划、同步建设、同步运营为指导思想，本着“谁主管、谁负责”的工作原则落实执行，在系统生命周期各阶段明确责任部门及安全职责，在信息系统建设全过程中推行安全同步开展的原则，强化安全工作前移的意识，降低运维阶段的压力。在信息系统建设过程中建立和推行一套工作机制，包括从规划到验收阶段统一的管理制度、技术规范、实施细则和工作流程，并在此过程中梳理支撑手段。统筹规划从前端到运维末端各阶段中各部门安全工作的一体化开展，最终推动信息系统生命周期安全目标的落实。

4. 等级性原则

等级性是指安全层次和安全级别。良好的信息安全系统应划分不同的安全层次和安全级别，包括对信息保密程度分级、对用户操作权限分级、对网络安全程度分级（安全子网和安全区域）和对系统实现结构的分级（应用层、网络层、数据链路层等），从而针对不同级别的安全对象提供全面、可选的安全算法和安全机制，以满足网络中不同层次的各种实际需求。

5. 整体性原则

网络信息安全的整体性原则也称木桶原则，是指对信息进行全面的安全保护。企业信息系统在物理上、操作上和管理上的种种漏洞都会造成信息系统的安全脆弱性，尤其是多用户网络系统自身的复杂性、资源共享性，使单纯的技术保护防不胜防。攻击者使用最易渗透原则，对系统中最薄弱的地方进行攻击。因此，充分、全面、完整地对系统的安全漏洞和安全威胁进行分析、评估和检测（包括模拟攻击）是设计信息系统的必要前提条件。安全机制和安全服务设计的首要目标是防止最常见的攻击手段，根本目标是提高整个系统的安全最低点的安全性能，从而提升系统的总体安全防御能力。

6. 相对安全原则

任何信息系统都无法保证绝对安全。安全设备本身也包含硬件和软件代码，只要有软件代码，就一定存在安全隐患，没有绝对安全的软件代码，网络安全设备本身也并不能保证软件代码绝对安全。网络安全设备也需定期维护和升级，从而防范可能存在的各种安全风险。另外，需要建立合理、实用的安全性与用户需求评价与平衡体系，安全体系设计要正确处理需求、风险与代价的关系，兼顾安全性与可用性。评价信息是否安全，没有绝对的评判标准和衡量指标，需要基于系统的用户需求、应用环境、规模和范围、系统性质、信息重要程度作出判断。

7. 最小权限原则

受保护的敏感信息只能在一定范围内被共享。履行工作职责和职能的安全主体，在法律和相关安全策略允许的前提下，为满足工作需要，仅被授予其访问信息的适当权限，这一原则称为最小化原则。对敏感信息的知情权一定要加以限制，是在满足工作需要前提下的一种限制性开放。

8. 闭环管理原则

闭环管理是综合闭环系统、管理的封闭原理、管理控制、信息系统等原理形成的一种管理方法。它把管理过程作为一个闭环系统，根据客观实际的变化，完成灵活、正确的信息反馈并作出相应变革，使矛盾和问题得到及时解决，在循环积累中不断发展。在企业信息系统闭环管理中，系统将用户在应用业务时触发的故障告警提交给安全运维工程师；安全运维工程师对故障进行有效排除，同时将故障反馈给系统研发人员或者系统维护人员；系统研发人员或者系统维护人员可以对系统进行修补或者升级，从而防止安全故障和告警再次发生。安全运维的各环节环环相扣，保证了系统管理的稳定和安全。

9. 统一管控原则

统一管控原则要求在网络发生攻击和破坏事件的情况下，必须尽可能快速恢复服务以减少损失。因此，信息安全系统应该包括安全防护机制、安全检测机制和安全恢复机制。安全防护机制的功能是根据具体系统存在的各种安全威胁采取防护措施，以避免非法攻击。安全检测机制的功能是检测系统的运行情况，及时发现和制止攻击者对系统进行的各种攻击。安全恢复机制的功能是在安全防护机制失效的情况下进行应急处理，并尽量及时地恢复信息，减少业务受破坏的程度。

10. 易操作性原则

易操作性原则体现为两点：首先，安全措施需要人去完成，如果措施过于复杂，对人的要求过高，反而会降低安全性；其次，安全措施的实施不应影响系统的正常运行。

11. 可视化与可度量原则

可视化原则是指利用可视化方法让管理者有效掌握系统信息，实现管理上的透明化与可视化，这样管理效果可以渗透到信息系统的各个环节。可视化管理能让系统的流程更加直观，使系统内部的信息实现可视化，并能得到更有效的传达，从而实现管理的透明化。

可度量原则指信息系统各项指标可度量，可获取验证这些指标的数据或者信息，系统有一个统一的、标准的、清晰的可度量标尺，杜绝在目标设置中使用形容词等概念模糊、无法衡量的描述。目标的可度量性一般从数量、质量、成本、时间等几个方面来体现，如果不能进行衡量，可考虑将目标细化为多个分目标，再从以上几个方面衡量；如果仍不能度量，还可以将完成目标的工作流程化，使目标可度量。

12. 黑暗森林法则

在科幻小说《三体》中，有一个“黑暗森林法则”。它的意思是：在宇宙中有许多不同的文明，每一个文明都不希望被更高等级的文明“看见”，这是因为一旦被“看见”，就可能被消灭。在网络安全的攻防领域中，这个规则也适用。

在网络安全中，“看见”是一个至关重要的能力，未来的网络安全是攻防“看见”能力的争夺，而决定“看见”能力的基础是数据。基于大数据和深度学习的分析得到结果，以帮助互联网安全企业提升其“看见”的能力。

所有的网络行为都会形成痕迹，有痕迹留下就有数据，安全大数据是形成“看见”能力的基础。有了数据后，还要有数据的关联、分析和挖掘能力，结合安全专家的经验，才能形成“看见”的能力。

在网络安全的攻防世界里，企业需要做到的是能“看见”更多的安全威胁。

2.2 信息系统安全防护体系建设

2.2.1 安全防护体系总体规划

企业信息系统安全防护体系建设是一个长期的过程，在开展安全防护体系建设实际工作之前，需要对信息安全工作作出总体规划，主要经过安全域确定、安全标准参考、风险评估、安全需求分析以及安全防护方案形成 5 个阶段，如图 2-5 所示。

安全域确定是企业信息系统安全防护体系建设的首要任务。首先需要确定企业信息系统安全防护体系的防护范围，目的是明确企业信息系统应受到保护的边界和防护对象，将所有防护对象梳理清楚，建立纵深防御的层次，并根据系统的实际情况划分安全域，将相同安全防护需求的对象划分到同一个安全域，设置清晰的防护边界，以便更高效、可靠地对系统进行保护。

安全标准参考是对不同的防护对象参照相关的安全标准确定安全防护等级。安全定级主要分为对防护对象整体的定级以及对防护对象组成部分的定级。在不同的安全防护层次，可能存在不同的安全定级对象，要对这些不同的安全定级对象有明确的划分，遵照相关安全标准实施具体的定级任务。除此之外，还需要对安全防护对象进行安全控制点分析，枚举所有可能的安全控制点，对每一个安全控制点要明确其安全控制要求。相同的安全控制点，在不同的安全定级条件下，其安全控制要求是不同的。

风险评估是对信息系统及由其处理、传输和存储的信息的保密性、完整性和可用性等

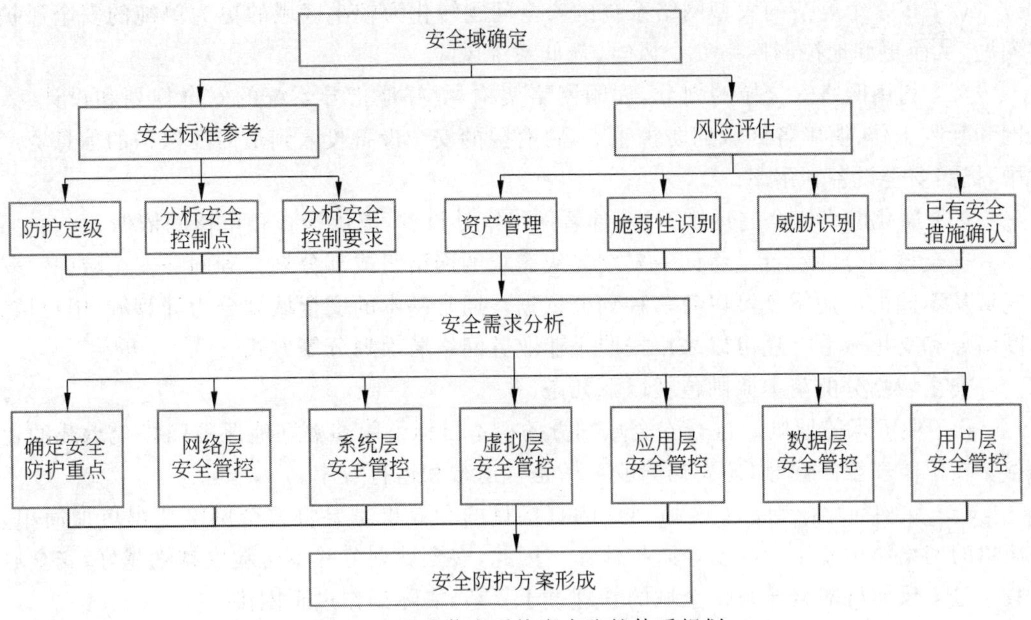

图 2-5　企业信息系统安全防护体系规划

安全属性进行科学评价的过程。它要评估信息系统的脆弱性、信息系统面临的威胁、脆弱性被威胁源利用后所实际产生的负面影响，并根据安全事件发生的可能性和负面影响的程度来识别信息系统的安全风险。风险评估主要包括资产识别、脆弱性识别和威胁识别，并对已有的安全措施进行确认等过程。在自适应的安全防护框架下，通过风险评估，能够明确地对系统可能存在的安全风险进行排序，了解当前所面临的安全风险，了解信息系统的安全现状，并通过机器学习等新技术手段发现更多的潜在威胁。为下一步控制和降低安全风险、改善安全状况提供客观和翔实的依据。

安全需求分析是企业信息系统安全防护体系建设的核心工作任务。安全需求分析的核心方针是摒弃传统的被动防御策略同，选择加强攻防能力的主动防御策略，将企业信息系统的安全防护重点从单一的物理设备防护转向整个系统服务器以及云端，了解当前的安全措施与计划的安全目标之间的差距。在技术方面，要强化系统整体攻防能力；在管理方面，要形成安全工作的可量化指标，并从网络层安全、系统层安全、虚拟层安全、应用层安全、数据层安全和用户层安全等具体角度展开工作。

在完成上述任务的前提下，进行方案的最终整理和规划，形成针对目标企业信息系统的安全防护方案，并形成详细的文档和实施计划。

2.2.2　安全域确定

网络安全域是使网络满足保护要求的关键技术。安全域是指在同一系统内根据信息的性质、使用主体、安全目标和策略等因素划分的不同逻辑区域，每一个逻辑区域有相同的安全保护需求，具有相同的安全访问控制和边界控制策略，各区域间具有相互信任关系。通过建设基于安全域的网络安全防护体系，可以实现以下目标：

（1）将一个复杂的大型网络系统的安全问题转化为较小区域的更为单纯的安全保护问题，从而更好地控制网络安全风险，降低系统风险。

（2）利用网络安全域的划分，理顺网络架构，更好地指导系统的安全规划和设计、入网和验收工作；明确各区域的防护重点，将有限的安全设备投入到最需要保护的信息资产中，提高安全设备利用率。

（3）简化网络安全的运维工作，部署网络审计设备，提供检查和审核的依据。

安全域划分的宗旨是将同一安全等级需求的网络组成部分划分到同一安全域中。安全域从不同的应用维度可以有多种划分依据。通常基本的安全域划分为计算域、用户域、网络域和支撑域等。还可以采用按照企业业务网络层次划分等方式。

安全域划分的基本原则包括以下几条：

（1）业务保障原则。进行安全域划分的根本目标是能够更好地保障网络上承载的业务。在保障安全的同时，还要保障业务的正常运行和运行效率。

（2）结构简化原则。安全域划分的直接目的和效果是要将整个网络变得更加简单，简单的网络结构便于设计安全防护体系。因此，安全域划分并不是粒度越细越好，安全域数量过多反而可能会导致安全域的管理过于复杂，实际操作过于困难。

（3）立体协防原则。围绕安全域的防护需要在各个层次（包括物理链路、网络、主机系统、应用等层次）展开。同时，在部署安全域防护体系的时候，要综合运用身份鉴别、访问控制、检测审计、链路冗余、内容检测等各种安全功能实现协防。

（4）生命周期原则。对于安全域的划分和布防不仅要考虑静态设计，还要考虑动态的变化。另外，在安全域的建设和调整过程中还要考虑工程化的管理。

1. 安全域的基本划分

查看网络上承载的业务系统的访问终端与业务主机的访问关系及业务主机之间的访问关系。若业务主机之间没有任何访问关系，则单独考虑各业务系统安全域的划分；若业务主机之间有访问关系，则需要将几个业务系统同时考虑。安全域一般分为安全计算域、安全网络域、安全用户域和安全支撑域，如图 2-6 所示。

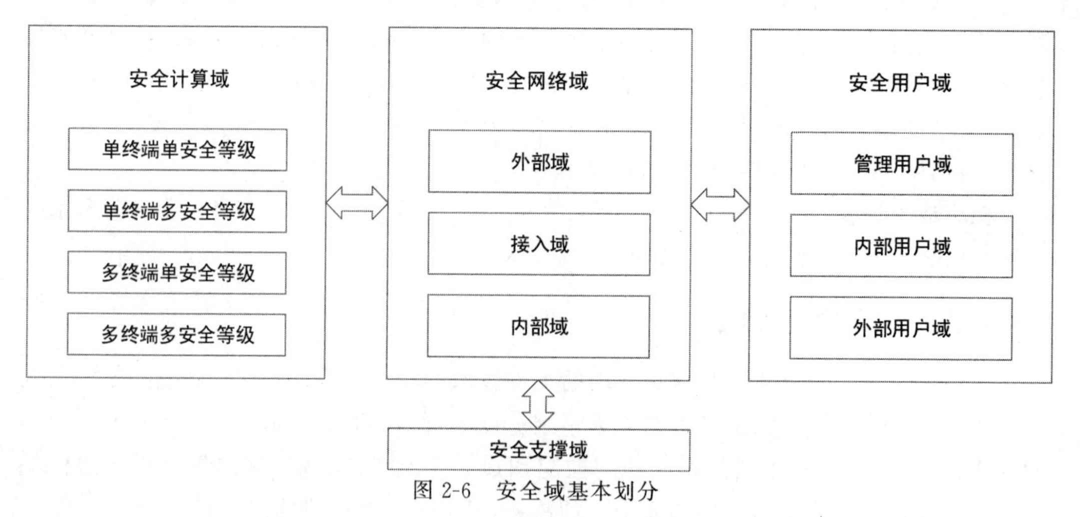

图 2-6　安全域基本划分

1）安全计算域

根据业务系统的业务功能实现机制、保护等级程度进行安全计算域的划分，一般分为核心处理域和访问域，其中数据库服务器等后台处理设备归入核心处理域，前台直接面对用户的应用服务器归入访问域。局域网的访问域可以有多种类型，包括开发区、测试区、数据共享区、数据交换区、第三方维护管理区、VPN 接入区等；局域网的核心处理域包括数据库、安全控制管理、后台维护区（网管工作）等，核心处理域应使用隔离设备对该区域进行安全隔离，如防火墙、路由器（使用 ACL）、交换机（使用 VLAN）等。

安全计算域是需要进行相同安全保护的主机、服务器的集合。安全计算域的确定与数据的分布密切相关。不同数据在主机、服务器上的分布情况是确定安全计算域的基本依据。根据数据分布，安全计算域一般可分为单终端单安全等级计算域、单终端多安全等级计算域、多计算终端单安全等级计算域和多终端多安全等级计算域。

2）安全网络域

安全网络域是由连接具有相同安全等级的安全计算域和安全用户域组成的区域。安全网络域的安全等级的确定与网络所连接的安全用户域和安全计算域的安全等级有关。安全网络域分为局域网环境和广域网环境两种情况。在局域网环境下组成的安全网络域可以用于单一计算机构成的安全计算域之间的连接，也可以用于多计算机构成的安全计算域之间的连接。对于后一种情况，该安全网络域实际上是安全计算域的组成部分。在广域网环境下组成的安全网络域用于远地的安全计算域之间、安全计算域与安全用户域之间的连接。安全网络域是逻辑域。在一个物理的网络环境下可以组成多个不同的安全网络域。一般在同一网络内划分 3 种安全域：外部域、接入域、内部域。

3）安全用户域

安全用户域是信息系统中由一个或多个用户终端计算机组成的存储、处理和使用数据信息的区域。安全用户域应有明确的边界，以便进行保护。安全用户域的划分应以用户所能访问的计算域中的数据信息类型和用户计算机所处的物理位置来确定。能访问同类数据信息并且物理位置较近的用户可以组成一个安全用户域，以便进行相同级别的安全保护。安全用户域的安全等级一般应根据该安全用户域中的用户所能访问的安全计算域的安全等级确定。但是，在有些情况下，集中管理的数据被分散存放时，其安全性可能会降低，这时，用户的安全等级就可能低于其所能访问的计算域的安全等级。安全用户域的划分应该从应用系统的实际安全需求出发来确定。安全用户域一般分为管理用户域、内部用户域、外部用户域。

4）安全支撑域

安全支撑域是指由各类安全产品的管理平台、监控中心、维护终端和服务器等组成的区域，它实现的功能包括区域内的身份认证、权限控制、病毒防护、补丁升级、各类安全事件的收集和整理、关联分析、安全审计、入侵检测、漏洞扫描等。

2. 网络层次划分

按照网络层次划分安全域时，主要以网络所处的位置作为划分依据，即从内到外，越接近内部的网络安全要求等级越高，越接近外部的网络安全要求等级越低。通常可以从内到外划分为 4 个层次：企业内网、业务专用网、企业外网以及互联网。

企业内网是企业的核心网络，拥有最高的安全防护等级，企业内网可分为一般内网和内部涉密网。在安全防护方面，一般内网建议采用商密设备，内部涉密网采用普密设备。

业务专用网是企业为了特殊工作需要而建设的专用网络，虽然采用了一部分互联网技术，但是具有较高的安全防护等级，接入人员、接入地点和接入方式等都必须受到严格限制，网络拓扑结构稳定、业务专一。业务专用网最大的安全威胁来自越权访问及信息泄露，因此业务专用网络必须与其他网络进行逻辑隔离。

企业外网是与公共网络建立连接的区域，安全防护等级要求较低。在接入互联网时，企业外网应尽量不传输敏感信息，采取一定的逻辑隔离措施，对加密通道采用商密设备。

互联网是直接连接到开放网络空间的安全区域，用于日常的互联网业务，其安全防护等级要求最低。

典型的企业信息系统层次划分如图 2-7 所示。

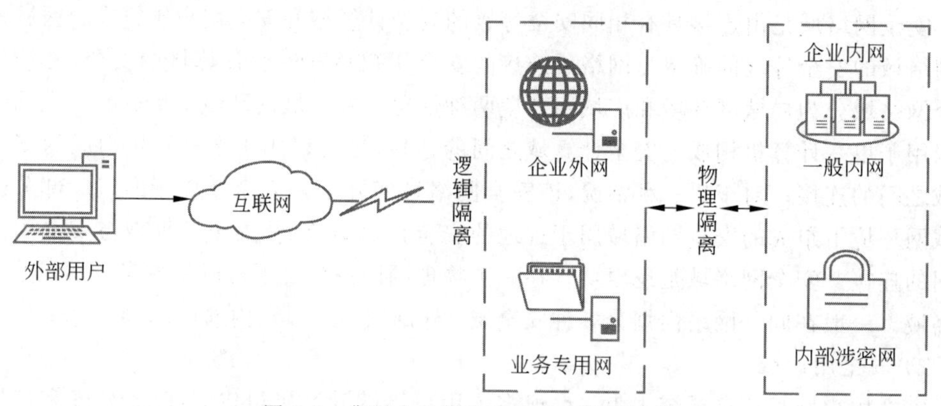

图 2-7　典型企业信息网络系统层次划分

在图 2-7 中，企业内网可以分为一般内网和内部涉密网，都是企业内部的高安全等级的网络环境，应当与其他网络物理隔离，加密设备采用普密标准，内部涉密网应该比一般内网采用更加严格的加密措施，如增加密钥长度等，还应加强人员安全管理，制定更加严格的安全管理制度。

企业外网和业务专用网都需要连接到互联网进行业务活动。二者属于不同的安全等级，应该逻辑隔离，并采取不同的安全措施，如业务专用网采用商密标准的加密设备，并有专用的网络传输通道。企业外网相对于其他网络层次而言安全等级要求较低，但与互联网之间仍需要逻辑隔离，对于企业外网需要加密通信的数据也要采用商密标准的加密设备进行加密。

互联网是企业最外层的网络，用户或其他企业客户通过互联网与企业建立连接。这个网络层次通常采用网络安全技术中较为通用的加密体制，保证通信基本安全。

2.2.3　安全标准参照

1. 防护定级

对企业信息系统进行安全定级是安全防护工作的首要环节，是展开企业信息系统安全防护体系建设的重要基础。企业信息系统的防护对象主要分为业务信息与系统服务两个方面。防护定级时，首先从定级对象入手，确定待定级的关键对象，包括物理设备、操作系统、业务与系统应用、网络通信、数据库与数据内容等。其次，要确定在待定级对象受到破坏时可能被侵害的客体，主要研究、分析对国家和社会等造成的侵害。在确定了定级对象以及被侵害的客体之后，就可以综合评定当企业信息系统中的某一对象受到破坏时对被侵害客体造成的侵害程度，参照安全标准，确定业务信息安全等级以及系统服务安全等级。最终以二者之中安全等级要求较高的一项作为定级对象的最终安全等级。

防护定级的基本方法如图 2-8 所示。

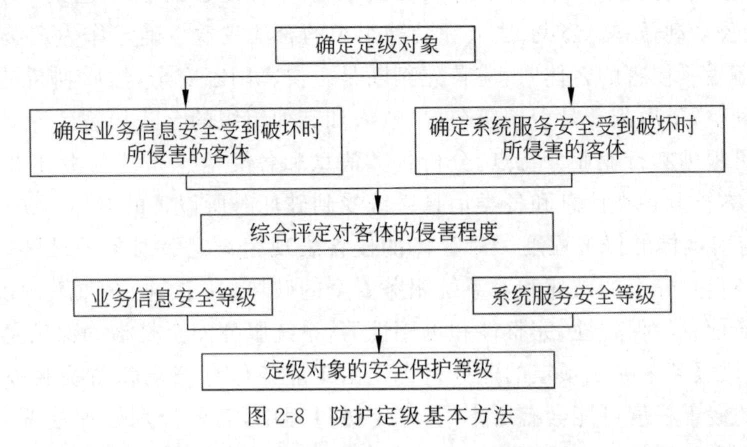

图 2-8　防护定级基本方法

信息系统的安全保护等级由两个定级要素决定：定级对象受到破坏时所侵害的客体和对客体造成侵害的程度。

定级对象受到破坏时所侵害的客体包括以下 3 个方面：第一是公民、法人和其他组织的合法权益；第二是社会秩序、公共利益；第三是国家安全。

对客体的侵害程度由客观方面的不同外在表现综合决定。由于对客体的侵害是通过对定级对象的破坏实现的，因此，对客体的侵害表现为对等级保护对象的破坏，通过危害方式、危害后果和危害程度加以描述。定级对象受到破坏后对客体造成侵害的程度归结为以下 3 种：第一种是造成一般损害；第二种是造成严重损害；第三种是造成特别严重损害。

定级要素与信息系统安全保护等级的关系如表 2-1 所示。

表 2-1　定级要素与信息系统安全保护等级的关系

业务信息/系统服务安全被破坏时受侵害的客体	对客体的侵害程度		
	一般损害	严重损害	特别严重损害
公民、法人和其他组织的合法权益	第一级(自主保护)	第二级(指导保护)	第二级(指导保护)
社会秩序、公共利益	第二级(指导保护)	第三级(监督保护)	第四级(强制保护)
国家安全	第三级(监督保护)	第四级(强制保护)	第五级(专控保护)

信息系统安全包括业务信息安全和系统服务安全，与之相关的受侵害客体和对客体

的侵害程度可能不同。因此,信息系统防护定级也应由业务信息安全和系统服务安全两方面确定。防护定级的一般流程如下:

(1) 确定定级对象。一个单位内运行的信息系统可能比较庞大,为体现"重要部分重点保护,有效控制信息安全建设成本,优化信息安全资源配置"的等级保护原则,可将较大的信息系统划分为若干个较小的、可能具有不同安全保护等级的定级对象。定级对象通常具有以下基本特征:有唯一确定的安全责任单位,包含信息系统的基本要素,承载单一或相对独立的业务应用,等等。

(2) 确定受侵害的客体。定级对象受到破坏时所侵害的客体包括:①国家安全;②社会秩序、公众利益;③公民、法人和其他组织的合法权益。确定作为定级对象的信息系统受到破坏后所侵害的客体时,应首先判断是否侵害国家安全,然后判断是否侵害社会秩序或公众利益,最后判断是否侵害公民、法人和其他组织的合法权益。

各行业可根据本行业业务特点,分析各类信息和各类信息系统与上述 3 个客体的关系,从而确定本行业各类信息和各类信息系统受到破坏时所侵害的客体。

(3) 确定对客体的侵害程度。对客体的侵害表现为对定级对象的破坏,其危害方式表现为对业务信息安全的破坏和对系统服务安全的破坏,其中,业务信息安全是指确保信息系统内业务信息的保密性、完整性和可用性等,系统服务安全是指确保信息系统可以及时、有效地提供服务来完成预定的业务目标。由于业务信息安全和系统服务安全受到破坏时对客体的侵害程度可能会有所不同,在定级过程中,需要分别处理这两种危害方式。业务信息安全和系统服务安全受到破坏后,可能产生诸多危害后果,如影响行使工作职能、导致业务能力下降、引起法律纠纷、导致财产损失、造成社会不良影响、对其他组织和个人造成损失等。

侵害程度是不同外在表现的综合体现,因此,应首先根据不同的受侵害客体、不同危害后果分别确定侵害程度。对不同危害后果确定侵害程度所采取的方法和所考虑的角度可能不同。例如,系统服务安全被破坏导致业务能力下降的程度,可以从信息系统服务覆盖的区域范围、用户人数或业务量等方面确定,业务信息安全被破坏导致的财物损失可以从直接的资金损失大小、间接的信息恢复费用等方面确定。

(4) 确定定级对象的安全保护等级。依据表 2-1,得到业务信息和系统服务的安全保护等级,将业务信息安全保护等级和系统服务安全保护等级的较高者确定为定级对象的安全保护等级。

2. 安全控制点与控制要求分析

如果通过控制企业信息系统组成的某一方面,能够使某一危害系统安全的因素得到预防、消除或降低到可以接受的水平,则称这个方面为安全控制点。设定安全控制点,可以有效地预防系统设备故障的出现,保证安全性。根据各个安全控制点的复杂性,可以在安全控制点下设定具体、详细的子项,称之为安全控制项。以下列举 14 个典型的安全控制点及其控制要求。

(1) 身份鉴别。为确保系统的安全,只有通过身份鉴别的用户才能被赋予相应的权限,并在规定的权限内操作。系统中的用户名和用户标识符应具有唯一性和可区别性,在主机系统的整个生命周期内都有效。

(2) 访问控制。针对每个用户设定,通过限制使只有授权用户才可以访问指定资源,加强用户访问系统资源及服务时的安全控制,以防非授权用户访问和授权用户违规访问。访问控制包括自主访问控制、强制访问控制和基于角色的访问控制等类型。

(3) 可信路径。主机系统的可信路径是指在用户与内核之间直接的、可信任的信息传输通路,该通路能防止攻击者介入通信过程,预防重要信息被窃取和盗用,防止重要信息在不可信路径上传输。

(4) 恶意代码防范。在互联网时代,主机软件及硬件资源遭受恶意程序威胁的可能性加大,应设定恶意代码防范规则,分析主机中安装的防范产品和采用的恶意代码管理措施的完善性,确保用户使用信息资源的安全性。恶意代码防范措施主要包括基于特征的扫描技术、校验和、沙箱技术和安全操作系统对恶意代码的防范等。主机端驻留进程采用进程保护、进程隐藏等技术,可以有效防止恶意的删除、终止等行为。

(5) 资源控制。计算机资源通常包括中央处理器、存储器、外部设备、信息(包括程序和数据)与服务等。为保证这些资源有效共享和充分利用,操作系统必须对资源的使用进行控制,包括限制最大并发会话连接数、单个用户的多重并发会话、单个用户对系统资源的最大和最小使用限度、登录终端的操作超时或身份鉴别失败时的账号锁定等,对资源的使用、变动和终端接入范围等进行控制。

(6) 安全审计。通过创建和维护受保护客体的访问审计跟踪记录,阻止非授权用户的访问或破坏,对非法用户起到威慑作用。每一事件的审计记录包括:事件日期和时间、用户、事件类型、事件是否成功、请求的来源、客体引入用户地址空间的事件及客体删除事件时的客体名(例如打开文件、程序初始化)及客体的安全级别、系统管理员实施的动作以及其他与系统安全有关的事件。

(7) 剩余信息保护。用户在计算机上删除、安装软件或者存储、删除信息后仍会留下一些剩余信息,有可能成为恶意攻击的源头,因此应该对在主机上保留的所有与安全系统管理有关的用户信息、系统文件、本地日志等内容在存储过程中采用高强度的加密算法,同时在相关数据删除后,对原有信息的存储空间进行特殊格式化处理,以规避数据还原技术带来的安全风险。

(8) 通信保密性。传输用户保密信息或财政信息时,应确保数据处于保密状态。

(9) 入侵防范。补充检测那些出现在授权的数据流或其他遗漏的数据流中的入侵行为,应在遭受入侵之前采取相应措施,例如是否安装杀毒软件、防火墙及其他相应防护设备等。

(10) 安全标记。维护与可被外部主体直接或间接访问的计算机信息系统资源相关的敏感标记,以进行不安全事件的追踪。

(11) 数据完整性。对计算机信息系统中存储、传输和处理过程中的信息采取有效措施,防止其遭受非授权用户的修改、破坏或删除,以确保数据的完整性。

(12) 隐蔽信道分析。为保证安全性,有些文件或程序可能被相应策略隐藏,但这种策略也可能被怀有恶意的攻击者用来建立隐蔽的信息传输通道,以实现窃取信息的目的。

应仿照实际测量和工程估算方法，分析系统中存在的隐蔽信道，并采取相应措施进行防范。

(13) 可信恢复。用户在删除或修改信息后，有时又发现其价值，需要恢复信息，例如对系统的设置或用户策略的设置等。应提供过程和机制，保证主机系统失效或中断后，可以进行不损害任何安全保护性能的恢复。

(14) 客体重用。这里的客体包括存放信息的介质，如内存、外存、可擦写光盘以及寄存器、高速缓存器等可读写设备，这些存储介质作为资源被动态分配时和回收时应确保其曾经存储的信息不因这种动态分配和回收而遭泄露。例如，可以采取特别的信息擦除手段进行残留信息的清除。

2.2.4 安全风险评估

安全风险评估是针对企业信息系统及其运行的服务，根据系统外部攻击数据及其自身的脆弱性对网络资产所造成的影响，综合分析企业信息系统各个环节的安全性，从而评估整个系统的安全性。通过了解系统目前的风险，评估风险可能带来的安全威胁与影响程度，从而将系统的风险降低到可接受的程度，为降低网络的风险、实施风险管理提供直接的依据。

安全风险评估可以通过把其评估步骤与网络攻击的步骤对应起来，从而达到防止网络受到攻击的目的。网络攻击一般是由远程信息收集、数据分析、远程攻击、本地攻击、本地信息收集等几个步骤组成的，而安全风险评估是一个数据采集、数据处理和数据分析的过程。

安全风险评估流程主要包括以下几个步骤：

(1) 风险评估前的准备。主要是弄清系统情况，确定评估的对象，为数据分析阶段提供评估的数据对象。

(2) 找出系统脆弱性。利用脆弱性扫描器找出网络各主机节点可能存在的脆弱性。

(3) 找出系统面临的威胁。根据网络主机节点可达关系、自身的脆弱性、攻击对脆弱性的利用规则生成状态攻防图，发现系统存在的攻击行为。

(4) 计算攻击成功发生的可能性。根据脆弱性存在的可信度和被利用的难易程度来计算攻击成功发生的可能性。

(5) 计算安全损失。根据脆弱性对资产的潜在危害程度和攻击发生后对资产的危害程度来计算其对网络资产造成的损失。

(6) 量化安全风险，根据脆弱性的存在可信度、脆弱性的严重程度、安全事件发生的可能性以及对网络资产所造成的损失，来计算攻击一旦发生时对评估对象所造成的影响，以此来量化主机节点的风险值。进一步结合网络中各主机节点自身的权重，可评估整个网络的风险值。

1. 系统资产管理

资产管理的主要目的是识别现有资产，同时确认资产的价值。在安全防护范围和边界内的每一项资产都应该被识别和评价。资产识别是风险评估的必要环节,主要任务是对确定的评估对象所涉及或包含的资产进行详细的标识。由于资产以多种形式存在,包括无形和有形的,在资产识别过程中,要特别注意不要遗漏无形资产。同时,还应注意不同资产之间的相互依赖关系,关联紧密的资产可以作为一个整体来考虑,同一个类型的资产也应该放在一起考虑。资产识别通过资产调查和现场访谈进行,形成资产列表。采集工作在前期调研的基础上开展,以调研所得的资产列表为依据,对所有与信息系统有关的信息资产进行核查。资产管理工作如图 2-9 所示。

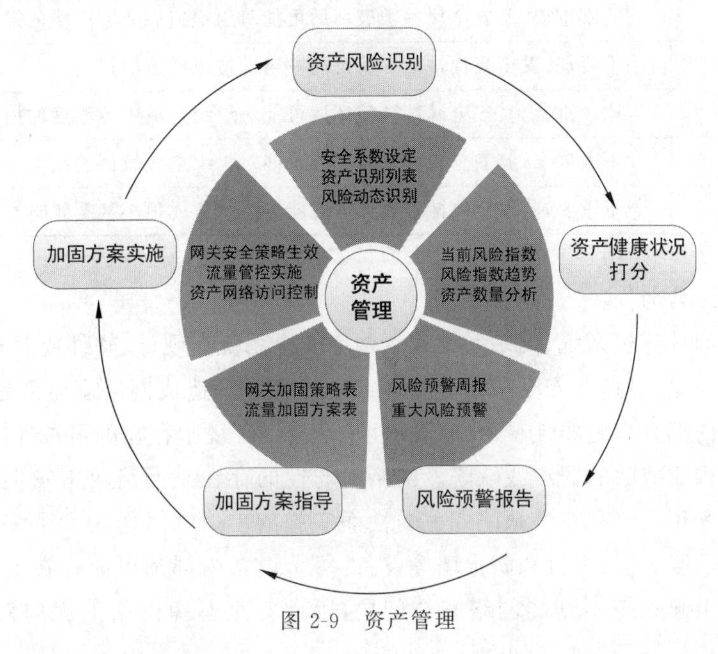

图 2-9　资产管理

在资产管理工作中,主要通过自动及手动识别等多种方式识别出多种类型的资产,如PC、移动设备、服务器等资产类型,并在此基础上评估资产安全因素,分析资产受攻击的可能性、危害程度、攻击范围及防护难度。针对易受攻击的系统及应用软件进行报警分析和报表分析等,让用户实时了解当前网络资产资源的脆弱度,勾勒脆弱度全景图,并有针对性地实施漏洞填补、升级补丁、防火墙策略、访问控制、流量监控等安全措施,从而防范潜在入侵攻击的发生。

资产识别的主要内容是识别每一项资产的所有者、负责人和使用者以及建立资产清单。可以根据业务流程来识别信息系统资产。

信息系统资产的存在形式,主要有以下几种:

(1) 数据资产。储于电子介质中的各种数据和资料,包括源代码、数据文件和系统文件等,也包括政策文件、合同、策略方针和商业结果等文档。

(2) 软件资产。包括应用软件、系统软件、开发工具和公共程序等。

(3) 实物资产。包括计算机和通信设备、磁介质、电源、空调、家具、机房和办公楼等物理实体。

（4）服务资产。包括计算服务、存储服务、通信服务和制冷、照明、水电、UPS 等基础设施服务。

资产的安全特性综合评定一般分为 5 个级别，分别为很高、高、中等、低和很低，如表 2-2 所示。

表 2-2　资产安全特性综合评定级别

级别	描　　述
很高	非常重要，其安全属性被破坏后可能对组织造成非常严重的损失
高	重要，其安全属性被破坏后可能对组织造成严重的损失
中等	比较重要，其安全属性被破坏后可能对组织造成中等程度的损失
低	不太重要，其安全属性被破坏后可能对组织造成较低的损失
很低	不重要，其安全属性被破坏后可能对组织造成很小甚至忽略不计的损失

2. 脆弱性识别

脆弱性是因计算机系统、网络系统或者网络安全系统在硬件、软件或者安全策略上的错误而引起的缺陷，是违背安全策略的软件或硬件特征。造成网络安全问题最根本的原因是网络系统内部具有脆弱性。网络脆弱性是指网络环境中存在的可被外部因素利用进而对网络环境构成威胁的弱点或缺陷。网络脆弱性的存在是网络攻击发生的前提，任何攻击方法都是利用系统存在的缺陷或脆弱性而实施的。而网络作为大系统，其内部包括路由器、交换机、服务器、主机和防火墙等设备，每个设备内部都可能存在脆弱性，这些脆弱性的存在会引起意想不到的网络安全问题，因此完全避免网络的脆弱性是几乎不可能的。

脆弱性识别主要从技术和管理两个方面进行，技术脆弱性涉及物理层、网络层、主机层、应用层与数据层等安全问题，管理脆弱性主要分为技术管理和组织管理两个方面。

资产的脆弱性通常具有隐蔽性，有些脆弱性只在一定的条件和环境下才能显现，这是脆弱性中最难识别的部分。需要特别注意的是，不正确的、起不到应有作用的或者没有正确实施的安全措施本身也是脆弱性之一。脆弱性识别所采用的方法主要有问卷调查、工具检测、人工核查、文档查阅和渗透测试等。

安全事件的影响与脆弱性被利用后对资产的损害程度密切相关，而安全事件发生的可能性与脆弱性被利用的可能性有关，又与脆弱性利用技术实现难易程度和脆弱性的流行程度有关。脆弱性评估就是对脆弱性被利用后对资产的损害程度、利用技术实现难易程度、弱点流行程度的评估，其结果一般是以定性的等级划分形式综合标识脆弱性的严重程度。如果多个脆弱性反映的是同一个方面的安全问题，应该综合考虑这些脆弱性，最终确定严重程度。按照《信息安全风险评估指南》的规定，根据脆弱性被利用后对资产造成的危害程度将脆弱性严重程度划分为 5 级，分别代表资产脆弱性严重程度的高低，如表 2-3 所示。

表 2-3　脆弱性严重程度分级

级别	描　述
很高	如果被威胁利用，将对资产造成完全损害
高	如果被威胁利用，将对资产造成重大损害
中	如果被威胁利用，将对资产造成一般损害
低	如果被威胁利用，将对资产造成较小损害
很低	如果被威胁利用，将对资产造成微小损害，可以忽略

3. 威胁识别

威胁主体可以利用脆弱性对资产造成伤害。按照《信息安全技术信息安全风险评估规范》中的威胁分类方法，威胁主要分为软硬件故障、物理环境影响、无作为或操作失误、管理不到位、恶意代码、越权或滥用、网络攻击、物理攻击、泄密、篡改、抵赖 11 类。从威胁源（威胁主体）角度来分析，威胁又可以分为自然威胁、环境威胁、系统威胁、外部人员威胁和内部人员威胁。不同的威胁源能够造成不同形式的危害。

一般，根据威胁的起因、表现和后果的不同，可将威胁分为以下 6 种：

（1）恶意代码。指插入到信息系统中的一段程序，危害系统中数据、应用程序或操作系统的保密性、完整性或可用性，或影响信息系统的正常运行。恶意代码包括计算机病毒、蠕虫、特洛伊木马、僵尸网络、混合攻击程序、网页内嵌恶意代码等。

（2）网络攻击。指通过网络或其他手段，利用信息系统的配置缺陷、协议缺陷、程序缺陷或使用暴力攻击对信息系统实施攻击，并造成信息系统异常或对信息系统当前运行造成潜在危害。网络攻击包括拒绝服务攻击、后门攻击、漏洞攻击、网络扫描窃听、网络钓鱼、干扰等。

（3）信息破坏。是指通过网络或其他技术手段使信息系统中的信息遭到破坏。信息破坏包括信息篡改、信息假冒、信息泄露、信息窃取、信息丢失等。

（4）信息内容攻击。指利用信息网络发布、传播危害国家安全、社会稳定和公共利益以及企业和个人利益的内容。

（5）设备设施故障。指由于信息系统自身故障、外围保障设施故障或人为破坏等原因，造成信息系统异常或对信息系统当前运行造成潜在危害。设备设施故障包括软硬件自身故障、外围保障设施故障、人为破坏等。

（6）灾害性破坏。指由于不可抗力对信息系统造成物理破坏。灾害性破坏包括水灾、台风、地震、雷击、坍塌、火灾、恐怖袭击、战争等。

计算机网络发展到今天，对于传统威胁的防范已经取得了一定的成效；与此同时，新的威胁逐渐地成为主流。当前的网络安全环境下威胁与防护手段的全景图如图 2-10 所示。

现在的网络安全威胁更具有组织性，攻击能力更强，破坏性更大。威胁的来源不再仅仅是个体攻击者或者其他单一的来源，而是已经进化到了更高的层次，主要表现为来自其他国家的威胁、网络攻击军团、网络犯罪组织以及内部威胁等。

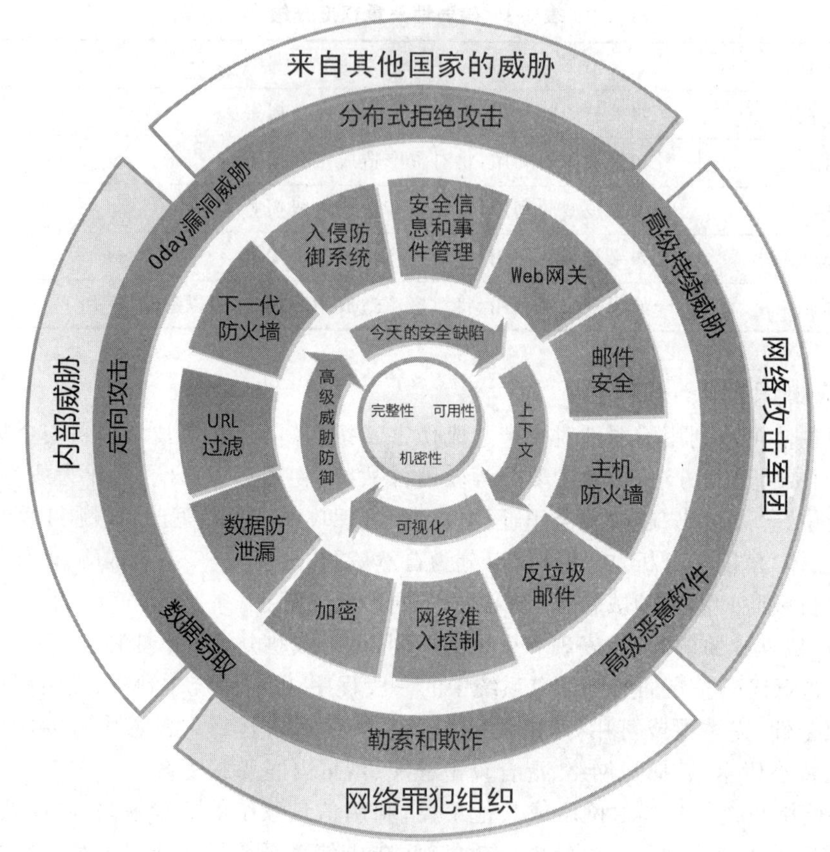

图 2-10　威胁与防护手段全景图

威胁的类型也发生了变化，主要包括分布式拒绝服务攻击（DDoS）、高级持续威胁（APT）、高级恶意软件、勒索和欺诈、数据窃取、定向攻击以及 0Day 漏洞攻击等。对于这些新型的和高级的网络安全威胁，传统的防御技术和手段将难以发挥作用，新的体系架构以及安全技术（如下一代防火墙和机器学习技术等）必然成为主导。

威胁评估是对风险产生途径性质的评估，应准确识别威胁的性质与特征，对系统安全的威胁进行标识，定期对威胁进行监视，以保证风险管理与评定的效果。威胁识别的主要内容如下：

（1）识别自然威胁。自然威胁包括地震、海啸、台风、火山、洪水等自然灾害。除了将自然灾害造成的威胁计入其中，还要将因客观实际情况而导致的非人为的偶然事件也计入其中。自然威胁需要根据评估目标所在位置的地理因素来进行识别，对于非地震带、内陆、山区、干旱地区等地理因素进行充分的识别，避免评估中的偏差。

（2）识别人为威胁。监视各种人为威胁及其特征的变化趋势并作出预测，以防范人为原因引起的威胁。人为威胁基本上有两种类型：一是由偶然原因引起的威胁；二是由故意行为引起的威胁。某些人为威胁在目标环境中并不适用，这些应在分析中通过进一步的思考予以排除。

（3）识别威胁的测量尺度。威胁的测量尺度应根据不同情况进行取舍。测量方法一般分为定量测量和定性测量。定量测量法适用于资产数据评价能够清晰并准确地建立经济指标的情况；而定性测量方法使用得比较普遍，首选确定定性测量中的最大尺度和最小尺度，再根据尺度的区间划分等级，对于不同等级的测量标准应事先予以定义。

（4）评估威胁影响效果。威胁影响效果要从威胁来源、威胁动机和威胁造成的结果 3 个方面进行评估，威胁来源用以确定威胁的源头，人为故意威胁来源为攻击者，而不同威胁来源因不同动机和客观原因而导致攻击能力有差异。威胁动机与威胁来源具有必然的联系。威胁动机和威胁造成的后果有直接的关系，但不是必然的关系，不同威胁造成的后果不仅需要根据威胁源头和威胁动机来确定，还需要根据资产的价值和重要性来确定。

（5）评估威胁的可能性。威胁事件发生的可能性需要从 3 个方面进行评估：一是历史威胁情况，曾经发生过的威胁和威胁发生次数是威胁发生的可能性的重要参考；二是威胁在整个社会层面的总体发展态势；三是威胁形成的复杂程度。

（6）监视威胁及其特征。威胁随着环境而变化。威胁的特征可以从 3 个方面获取：一是对历史威胁事件进行统计分析；二是根据当前技术发展形式进行分析；三是从其他组织获取。

威胁的评估结果一般都是定性的。我国的《信息安全风险评估指南》将威胁的频率划分为 5 级，如表 2-4 所示。

表 2-4　威胁出现频率级别

级别	描　述
很高	威胁出现频率很高，大多数情况下几乎不可避免，或被证实经常发生
高	威胁出现频率较高，大多数情况下很可能发生，或被证实多次发生
中	威胁出现频率中等，某些情况下可能发生，或被证实曾发生过
低	威胁出现频率较小，不太可能发生，也没有被证实发生过
很低	威胁几乎不可能出现，仅在罕见和例外的情况下发生

威胁的强度是随机的，不同威胁出现的可能性不同，通常使用威胁的平均强度或最强强度作为参考给出威胁定性的评估结果。

4. 已有安全措施确认

安全措施分为预防性安全措施和保护性安全措施。预防性安全措施可以降低威胁利用脆弱性导致安全事件发生的可能性，如入侵检测系统和防火墙等；保护性安全措施可以减小因安全事件发生对信息系统造成的影响。

对已有的安全措施进行确认有两个重要作用。一方面，它有助于对当前信息系统面临的风险进行分析，是资产评估、威胁评估和脆弱性评估的有益补充，其结果可用于后续的风险分析工作。另一方面，通过对当前安全措施的确认，分析其有效性，对有效的安全措施继续保持，对不合适的安全措施应当采取取消，或者用更加合适的安全措施替代，以避免不必要的工作和费用，防止安全措施的重复实施。

2.2.5 安全需求分析

企业信息系统规模庞大、体系复杂。从安全的角度可以将企业信息系统划分为7层：物理层、网络层、虚拟层、系统层、应用层、数据层和用户层。物理层包括企业信息系统的机房、计算机设备、存储设备、网络设备、各类服务器和各类安全设备等物理设施。网络层主要包括企业信息系统所使用的网络通信服务，如互联网通信服务和VPN通信服务等。虚拟层主要包括企业信息系统的虚拟化环境。系统层主要包括企业信息系统、主机操作系统和相关设备的嵌入式系统等。应用层主要包括企业信息系统所运行的各种业务应用程序和系统程序。数据层主要包括与企业信息系统所运行的各种业务应用程序和系统程序相关的数据。用户层主要包括企业信息系统的各类用户。本节介绍除物理层以外的其他6层的安全需求分析。

1. 确定防护重点

企业信息系统由于其广度和深度，其安全体系的建设和安全防护措施的落实是一个循序渐进的过程，安全防护手段也不可能一步到位，所以在安全体系建设之初，需要确认目标系统的防护重点。一般来说，核心业务相关的机房、服务器、网络设备和核心数据的存储设备等都是防护的重点。确定防护重点，需要结合安全风险评估的资产识别结果和脆弱性识别结果，将具有高价值和高脆弱性的资产评定为优先防护的对象。

确定防护重点对象之后，需要比较企业当前的安全防护水平与预期需要达到的安全防护水平或者业界最佳实践的网络安全防护水平之间的差距。差距分析对于信息系统安全建设起着重要作用，它往往是对企业信息系统安全水平最早的真实检查，能够反映当前水平与更安全的目标之间的差距，能够为后续安全体系的整体建设提供成本和工作量的评估依据。

传统的安全建设从被动防御的角度出发，对安全域的划分较为单一，而事实上攻击者的技术手段在不断进步和提升，突破系统防护弱点只是时间问题。因此，在当前的网络安全环境下，信息系统安全建设应该从反入侵的视角纵深防御、层层递进，针对攻击活动中的每一步进行安全防护建设，可以称之为“设陷阱”或“埋点”。埋点的意义在于假设攻击者的活动进行到了某一步，安全防护体系要阻止其进入下一步或者使其不能带着完全的进攻能力进入下一步并全身而退。典型的纵深防御技术需求如图2-11所示。

第一层为业务安全域抽象划分，是对业务的抽象，并不是对物理服务器的划分，在大规模分布式架构中，同一个安全域的机器并不一定位于同一个物理机房，但是它们对应相同的安全等级，共享一组相同的访问控制策略，只对其他安全域或互联网暴露有限的协议和接口，即使攻击者渗透了相邻安全域的服务器，也只能扫描和访问这个安全域内有限的端口，无法完成渗透。抽象划分的安全域有利于防止攻击者在不能直接攻击目标时从周围可信任区域进攻。第一层的作用在于能把安全事件爆发的最大范围控制在一个安全域中，而不是直接扩散到全网。

第二层是基于数据链路层的隔离，只有数据链路层隔离了，才能算真正隔离。数据链路层使用VPC、VXLAN和VLAN等方法，相当于在安全域的基础上对一组服务器以更

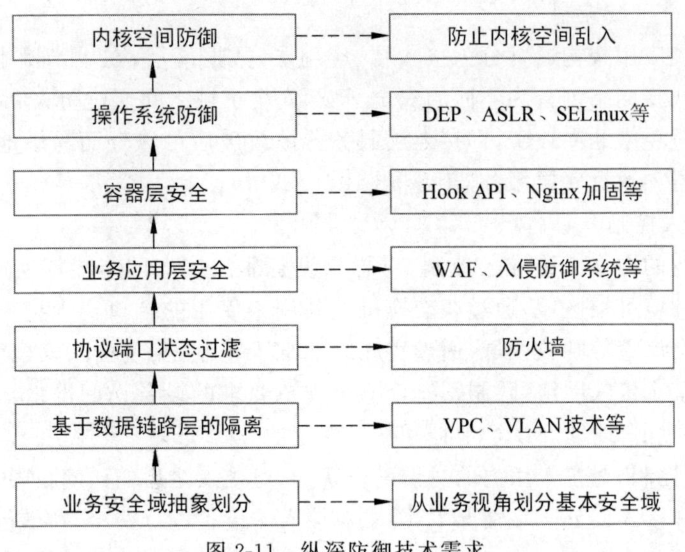

图 2-11　纵深防御技术需求

细的粒度再设一道屏障,进一步抑制单个服务器被攻陷后受害源扩大的问题。

第三层是协议端口状态过滤,这是绝大多数防火墙设备的防护场景。该层主要解决的是对攻击者暴露的攻击面的问题,即使系统安全加固没有完全到位,被攻击的服务器上不必要的服务没有清理干净,服务器开放了不必要的端口,甚至服务器的端口上运行着有安全漏洞的服务,但是针对这些攻击的漏洞都被防火墙过滤了,路由不可达,所以攻击者无法利用这些漏洞。本质上,第三层防御手段就是尽可能切断攻击者的访问通道,大幅度减小可供攻击者利用的攻击面,延缓甚至阻止攻击活动。

第四层是业务应用层安全,也是实际生产工作中涉及问题最多的一层。业务应用层通常是暴露在互联网上的攻击面,这一层主要解决认证鉴权、SQL 注入、跨站脚本攻击、文件上传漏洞攻击之类的应用层漏洞问题,尽可能把入侵者堵在入口之外。

应用层上方是容器层、操作系统防御层以及内核防御层。这里的目标是假设服务器上的应用程序已经存在漏洞,并且攻击者找到了漏洞,但不希望这个漏洞能被成功利用直接跳转到系统权限,从而能在这一步阻止。通过容器加固,如阻止一些危险函数的运行,攻击者使用各种方法变形编码字符拼接等逃过了应用层的检测,但是在最终运行时的底层指令不变,在容器、操作系统和内核等层次,要对此类危险的底层指令做严格的检测和过滤。

2. 网络层安全需求分析

1）网络安全域控制

按照业务重要性和逻辑相关性,企业信息网络一般需要划分为几个不同的安全域,包括生产网、办公网、测试网、数据中心网、外来人员网等,并制定安全域之间的安全访问控制策略,通过防火墙、上网行为等控制不同安全域之间的访问,实时阻断异常访问。在部分敏感的安全域之间部署入侵检测系统,通过签名匹配的方式,发现网络层的攻击行为,如 DDoS 攻击。

2）网络安全子域控制

典型的系统应用架构通常分为接入层、应用层、数据库层，在生产网中需要按照此3层系统架构模式将网络划分为不同的安全子域，安全子域之间通过防火墙隔离，这样能够在很大程度上避免南北向攻击，即接入层服务器被攻破后可以轻而易举地攻破同一网络中的其他应用层和数据库层服务器。

3）网络准入控制

对接入企业的网络实施准入控制，对恶意设备非法接入网络能够实时检测和阻断。对机房等物理环境可控区域，通过在交换机上禁用未使用的端口实现接入控制。在办公场所、营业厅、会议室等开放区域，通过实施终端准入控制，实现接入安全管控，对未经认证授权的设备禁止接入网络，限制不符合安全规范要求的设备访问网络。对于核心机房等重要场所，通过IP地址、MAC地址和端口绑定的方式实现接入控制。对于企业内无线网络，实施准入控制，对接入用户的身份进行认证，对接入之后的访问权限进行严格控制。在无线网络允许接入办公网络情况下，要求对接入的设备进行安全检查，包括安装企业的桌面管理软件及防病毒软件等，只有认证合法并且安全检查符合要求的设备才允许访问办公网络。

4）网络流量分析及监测

在安全域之间以及安全域内部署流量分析及监测系统，通过黑、白、灰名单策略，发现安全域间和安全域内的异常访问，实现实时告警。通过部署隐蔽信道检测工具，检测出Ping Tunnel、DNS Tunnel等黑客常用的传输数据的隐蔽信道。

3. 虚拟层安全需求分析

在虚拟层应实现以下安全管控措施：

（1）在虚拟化环境中，部署常规的安全管控策略，如防病毒软件和安全客户端的安装、入侵检测系统和异常流量系统部署等，并确保管控措施有效。

（2）研究并部署虚拟层的安全管控方案，保障Hypervisor层的安全，防止虚拟层被突破之后虚拟机集体沦陷。

（3）部署虚拟异常流量系统、虚拟防火墙和虚拟入侵检测系统，对虚拟机之间的网络访问进行监测和控制，以发现异常网络行为和入侵行为。

4. 系统层安全需求分析

1）已知恶意软件检测

已知恶意软件检测主要是基于签名进行的。对已知恶意软件进行检测，可以提高精确度，减少误报，提高可运维性。在终端层面，通过安装防病毒软件、安全客户端等，实现恶意软件检测；在邮件层面，通过部署反垃圾邮件网关实现已知恶意软件检测；在上网出口，通过上网行为管理系统和恶意软件检测分析系统，实现基于签名的恶意软件检测。公司总部及各营业部办公网和交易网Windows服务器和终端都要求安装桌面防病毒软件客户端，并且保持防病毒软件安装率和更新率在95%以上。

2）未知恶意软件检测

通过在客户端互联网出口部署恶意软件检测分析系统，在一定程度上能够发现未知恶意软件。

3）异常连接检测

根据区域的功能和重要程度，有针对性地部署不同形式的蜜罐。在办公网、交易网重要的服务器区域和互联网 DMZ 区域部署蜜罐系统；在终端上部署蜜罐文件和蜜罐端口；在服务器和终端上部署蜜罐指令；在互联网 DMZ 区域和办公网服务器区域部署蜜罐网站；在互联网 DMZ 区域、办公网终端和服务器上部署蜜罐数据，蜜罐数据包括一些经过脱敏处理的客户个人信息（姓名、身份证号、银行卡号、手机号等）。对所有以上的技术措施形成统一的标准，以规范使用场景、日常运维机制（技术、监控、响应、应急）以及验证机制等。将上述措施形成一个整体，将其正规化、标准化，从而形成一个蜜罐网体系。

4）端点检测和响应系统

在主机终端部署端点检测和响应系统，其功能主要在于终端发现、软件发现、漏洞管理、安全配置管理、日志管理以及危险检测和响应等几个方面。主机终端往往是攻击发生的现场，通过在每一个主机终端部署一个客户端，客户端将在终端检测到的信息统一反馈给系统管理平台，这样可以及时、有效地发现针对主机的攻击，如木马攻击、SQL 注入攻击、暴力破解等行为。

5. 应用层安全需求分析

1）常用软件的异常检测

常用软件包括业务网安装的 FTP 软件、网络管理软件、内部系统使用的 Web 应用。目前主要通过防病毒软件和安全客户端等检测软件异常，通过部署新版安全客户端，对办公终端常用软件的使用情况进行收集和梳理，通过 MD5 比对的方式检测异常的软件，对业务网内部使用的 Web 应用进行扫描，发现其中存在的漏洞，并进行修复。

2）数据库软件的异常检测

互联网区域的数据库通过部署数据库审计系统进行数据库的审计和入侵防护，并纳入日常检查和运维，互联网区域通过部署 IPS 和 WAF 系统，实现基于签名的数据库入侵的检测。非互联网区域的数据库通过数据库系统的合规建设和用户权限控制，在一定程度上进行数据库配置安全加固。通过部署开源数据库防护系统，加强对数据库的安全检测和防护。

3）安全开发规范落地

为了使安全开发规范落地，应注意以下几点：

(1) 在需求设计阶段，安全功能需作为非功能需求进行考虑。

(2) 引入源代码白盒安全扫描工具，将安全检测工作前移，在软件开发过程中，通过自动化工具和人工检测的方式提高软件代码安全质量。

(3) 在测试阶段，应对安全功能进行测试，并且在测试报告中体现。

(4) 修订安全开发规范，确保更有操作性。

(5) 加强安全开发规范落地检查，对于违反开发规范的行为纳入绩效考核。

6. 数据层安全需求分析

1）数据不被非法访问

为实现数据不被非法访问的目标，业务网主要通过安全域划分，在办公网、业务网、数据中心网段之间进行网络访问控制，通过相互隔离，限制安全域之间的数据传输。在互联网区域部署数据库审计工具，对访问数据库的行为进行审计，检测其中的异常访问。在办公网和业务网之间通过加固的 FTP 经审批之后传输数据，在传输过程中对敏感数据进行检测。将存放敏感数据的办公系统迁入保密网，通过保密网安全桌面进行访问，增加了访问的限制，一定程度上防止了系统数据被非法访问。

2）数据不被非法传播

在互联网出口线路和邮件系统部署数据防泄露系统，对涉及敏感保密内容的特定字段的数据传输能够提供检测功能。在数据中心，Windows 系统通过安全客户端检测 U 盘插拔，防止在机房通过 U 盘复制的方式传输数据；通过检测服务器双网卡行为，发现通过插网线相互复制的异常行为；通过禁用未使用的交换机端口，防止通过接入交换机网络的方式实现数据传输。在办公网，通过部署安全客户端系统，检测敏感数据的复制和上传等非法泄露数据的行为；同时，将敏感系统迁入保密网安全桌面，使数据在导出之后被加密，只能在保密网打开，以防止数据被非法传播；通过数字水印系统，实现数据传播过程中的可追踪。

3）数据不被非法篡改

数据篡改的威胁主要在互联网区域，内部数据篡改的风险相对较低。针对数据库，在互联网服务系统数据库区域部署数据库审计系统，对异常的数据库用户使用和操作进行监控；针对网站，部署网页防篡改系统，对互联网服务系统的数据篡改可起到很好的防御作用。

7. 用户层安全需求分析

1）用户身份认证和授权

在系统层面，通过安全运维平台系统结合 Token 系统实现用户的统一身份认证和授权工作。在办公应用层面，通过活动目录系统实现办公系统的身份认证功能。一般是通过统一身份认证实现用户身份认证和授权。

2）记录、检测和阻断用户的异常创建和使用

目前主要通过系统日志采集和分析平台实现对用户的异常创建、异常使用、密码探测等异常行为的检测和报警功能。办公网终端也可以通过桌面管理软件实现用户的异常创建、异常使用等行为的检测和报警。在办公网上网终端范围内，通过安全桌面和上网行为管理系统记录、检测和阻断用户不合规的上网行为。

3）采用白名单方式访问互联网

生产网及办公网访问互联网资源应采用白名单方式。生产网中的服务器访问的互联网资源一般都比较固定，均为白名单方式。办公网中用户访问互联网端口可默认为访问任意 IP 地址的 80 及 443 端口（黑名单以外）。如果有其他特殊访问需求，可单独将其加入白名单。采用白名单方式访问互联网的控制措施可以大幅度降低用户遭受木马及病毒

攻击的风险。

2.2.6　形成安全防护方案

在完成系统的安全域划分、安全防护定级、安全控制点分析、系统安全风险评估和安全需求分析等工作之后，结合自身系统各部分的安全等级要求，最终形成安全保护方案。并在后续的运维工作中贯彻落实企业信息系统安全的不断更新和整改。

2.3　信息系统安全运维体系建设

信息系统的安全运维工作分 3 个层次开展，分别为基础实践层、安全能力层和展示决策层。基础实践层主要负责安全运维的技术落实以及运维工作的具体实施，是开展更高层次运维工作的基础。安全能力层主要负责企业信息系统各部分相关的安全策略和安全制度的管理和实施，体现安全体系对于系统的实际防护能力，为展示决策层的任务作好铺垫，也为基础实践层作好指导。展示决策层主要负责对整个信息系统安全状态的掌控，它能够收集和处理系统的有效安全信息，直观准确地呈现给决策管理者，指导整个信息系统安全体系的运维工作以及系统的更新和安全加固。信息系统安全运维层次如图 2-12 所示。

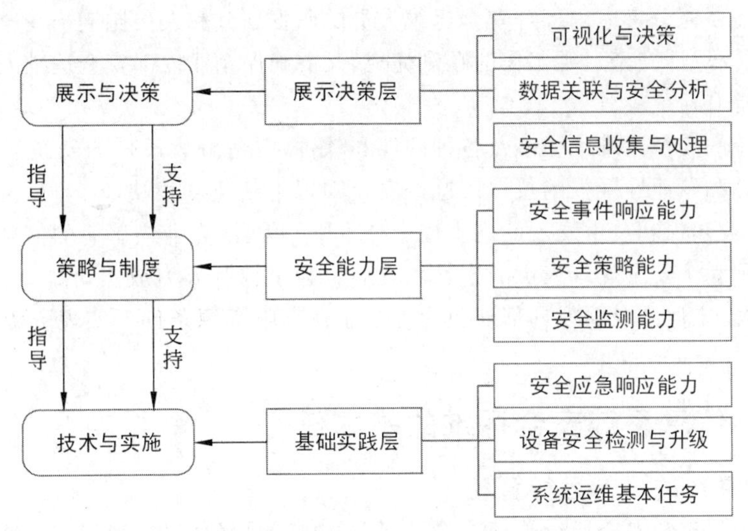

图 2-12　信息系统安全运维层次

2.3.1　信息系统安全运维的模式

对于各种企业信息系统的安全运维，需要明确企业自身的安全运维力量和外部安全运维服务提供商之间的关系，可以根据运维外包的情况将安全运维工作分为自主运维模式、完全外包运维模式和混合运维模式。

1. 自主运维模式

自主运维模式是指企业自行负责对所有资源的安全运维工作。采用自主运维模式，运维人员容易管控，可根据企业的自身需求进行能力培训，完成企业所需的各项安全运维工作。其缺点在于企业人员数量有限，对于并行的安全运维工作无法同时提供支撑。同时，由于安全运维相关各专业人才培养时间较长，很难满足企业安全运维工作的需求。

2. 完全外包运维模式

完全外包运维模式是指企业通过与其他单位签署安全运维外包协议，将企业所拥有的全部资源的安全运维工作外包给其他单位，即外包单位为企业各单位提供安全运维服务。完全外包安全运维模式的优势在于充分利用外部经验，能够快速提供企业所有资源的安全运维能力，同时安全运维人数比较充足，易于应对大规模的安全运维需求。但是，完全外包运维模式也存在外部人员管控难度较大、企业信息泄露风险高等问题。

3. 混合运维模式

混合运维模式是指企业对所拥有的一部分资源自行负责安全运维，同时，通过与其他单位签署安全运维外包协议，将企业所拥有的另一部分资源的安全运维工作外包给其他单位。企业通过混合运维模式能够充分发挥自主运维模式和安全外包运维模式的优势。但是，由于存在两种安全运维模式，也增加了安全运维工作的复杂度，延长了安全运维流程；同时，也需要充分考虑内外部安全运维人员的职责划分和人员比例。在合理的安全运维成本下，既要保证安全运维工作的顺利完成，又要确保企业内部安全运维人员能够得到充分锻炼和提升。

信息系统的安全运维工作涉及各种硬件和软件，对各种软硬件的安全运维工作需要大量的安全性和专业性很强的技术。这些安全知识更新速度很快，对于安全运维人员来说，保持与专业知识和技术发展的同步性十分重要。因此，企业内单一的信息技术安全运维环境一般不利于安全运维人员的成长和发展。为了控制人力成本，保障信息系统的安全，信息技术安全运维全面或局部外包成为企业在有限资源条件下实现资源效益最大化的必然选择。

2.3.2 信息系统安全运维的基本任务

1. 信息系统的日常运行管理

信息系统的日常安全运行管理工作量巨大，包括数据的收集、例行信息处理及服务工作、计算机硬件的运维、系统的安全管理 4 项任务。

(1) 数据的收集。一般包括数据收集、数据校验及数据录入 3 项子任务。

(2) 例行信息处理及服务工作。常见的工作包括例行的数据更新、统计分析、报表生成、数据的复制及保存、与外界的定期数据交流等。这些工作一般来说都是按照一定的规程定期地通过软件程序操作的。

(3) 计算机硬件的运维。如果缺少对计算机硬件设备的运行维护，硬件设备会很容易出现故障或损坏，从而使整个信息系统的正常运行失去硬件支撑，业务无法正常进行。

硬件的运行和维护工作包括设备的安全使用管理、定期检修、备件的准备及使用、电源及工作环境的安全管理等。

(4) 系统的安全管理。这是日常运维的重点，系统的安全管理是为了防止系统外部对信息系统资源不合法的使用和访问，保障系统的硬件、软件和数据不因偶然或人为因素而遭到破坏、泄露、修改或复制，维护正当的信息活动，保障信息系统的安全性。

总而言之，信息系统的日常管理工作绝不只是对设备的管理，更重要的是对人员、数据、软件及安全的运行维护管理。

2. 信息系统运行情况的记录

信息系统的运行情况是对系统安全管理、风险评估的重要资料之一。如果企业缺乏信息系统运行的基本数据，只停留在初始印象上，无法对信息系统运行情况进行科学的分析和合理的判断，就难以维持信息系统的安全运营。在信息系统的运营过程中，需要收集和积累的资料包括以下几个方面。

(1) 有关工作的信息。例如，开机的时间，每天、每周、每月提供的数据报表的数量，信息系统中积累的数据量，修改程序的数据量，信息系统所提供的信息服务的规模，以及计算机应用系统功能的最基本的数据。

(2) 工作的效率。信息系统为了完成所规定的工作占用了多少人力、物力和时间。如果工作的效率发生了明显的异常变化，很可能说明信息系统出现了故障或遭到了入侵。

(3) 信息系统所提供的信息服务质量。信息系统的服务和其他服务一样，需要有质量的保证。信息系统提供的信息要合乎管理人员的需求，否则工作效率再高也毫无意义。同样，信息提供的方式是否合理、信息的提供是否及时、提供信息的准确程度都在信息服务质量的范畴内。

(4) 信息系统的维护和修改情况。信息系统中的数据、软件和硬件都需要有更新、维护和检修的工作规程。相关工作都需要有详细的记载，包括维护工作的内容、情况、时间和执行任务等。这不仅是为了保证信息系统的安全可靠运行，还有利于信息系统的进一步扩充。

(5) 信息系统的故障情况。无论故障大小，都应该及时地记录以下情况：故障的发生时间、故障的现象、故障发生时的工作环境、处理方式、处理结果、处理人员和原因分析。这里的故障不是仅仅指计算机硬件的故障，而是指对整个信息系统而言的故障，包括各种软件的安全漏洞等。

3. 信息系统的运行情况检查和评价

在信息系统运营过程中，除了需要不断地对其进行大量的管理和维护工作，还需要定期对信息系统的运行状况进行审核和评价，为信息系统的改进和扩展提供依据。信息系统的评价一般从以下 3 个方面考虑：

(1) 信息系统是否达到预期目标，目标是否需要修改。

(2) 信息系统的适应性、安全性评价。

(3) 信息系统的社会效益和经济效益评价。

一旦审计的结果确认信息系统已经不能满足管理需求和决策需求，或者适应性、安全性极低，或者社会效益和经济效益不能适应企业发展，则说明该信息系统已经走完它的生命周期，应该开发新信息系统。

2.3.3 信息系统安全检测和升级

安全运维团队定期对信息系统的重要服务器、应用系统、网络设备、安全设备等信息资产进行安全检查，及时发现信息系统存在的各类安全漏洞，提供安全漏洞的详细描述和修复方案，并对漏洞进行修复，从根本上提高信息资产的安全防护能力。

安全检测是持续性的检查与改进过程，能够帮助安全运维人员全面掌握安全状况与发展态势，为安全保障工作提供可靠的依据。对安全设备（如防火墙、入侵检测系统、入侵防御系统、加密机、访问控制、安全审计系统等）进行定期的巡视检查和一定程度的安全评估，能够根据安全评估结果制定安全加固方案，并对安全漏洞进行修补，消除安全隐患，全面提升信息系统的安全保障能力。通过模拟攻击者攻击的方式对信息系统进行远程安全测试，发现信息系统中存在的可被攻击者利用的安全漏洞。对安全检测的过程和结果进行详细描述，帮助安全运维人员总结安全现状，提出安全保障工作建议。

安全运维需要定期检测和升级，检测和升级的方法有两种。第一种是通过人工的方式；第二种是采用自动化或者半自动化的监控软件，可对各种开源的半自动化的监控软件进行二次开发，以完成本单位的自动运维工作。这些自动化的安全运维监控软件会对异常情况进行报警或者提示，大大提高了运维人员的工作效率。当需要监控服务器时，可将服务器的 CPU 使用率、硬盘使用率等需要监控的内容整理形成一个脚本文本，定期推送给服务器，服务器将监控的内容反馈给安全运维人员，这样安全运维人员就能快速、准确地监控服务器的各种性能。

2.3.4 安全信息收集和处理

安全信息的收集和处理是整个安全分析和决策的基础。安全信息的收集针对企业内部数据一般需要考虑以下几个种类：

（1）环境业务类数据。包括资产及属性（业务、服务、漏洞、使用者等）、员工与账号、组织结构等，这类数据也被称为环境感知数据、友好类情报等。这类数据往往难以从设备中直接获取，但对安全分析会有巨大的帮助，往往要随着安全体系建设而逐步完善。

（2）网络数据。即网络中传输的流量数据，网络数据通常都有严格的格式规范。

（3）设备、主机及应用的日志。可以包括 Web 代理日志、路由器防火墙日志、VPN 日志、Windows 操作系统安全及系统日志等。不同来源的日志在数据量和实用价值上都不同。

（4）报警数据。检测工具在发现异常时生成的通知就是报警。通常的报警数据来自 IDS、防火墙等安全设备。依据环境和配置，日志的数据量可以有很大的变化。

采集到的原始安全数据中包含大量的无效数据，在数据融合、关联、安全分析之前，这些无效数据必须被清除，以减少后续的工作量，同时降低无效数据给安全分析结果带来的误差。原始安全数据通常不会完全清洁和规范，在数据分析之前都要进行相应的数据清洗，在原始安全数据中，数据质量问题主要有噪声、异常值（离群值）、数值缺失、数值重复等。噪声是指对真实数据的修改或其他无关数据；异常值是指与大多数数据偏离较大的数据；数值缺失是指无数据的情况，主要包括信息未被记录和某些属性不适用于所有实例；数值重复主要是由于异构数据源的合并产生了大量相同的冗余数据，如 IP 地址、时间信息等。

数据清洗的框架由准备、检测、定位、修正、验证 5 个阶段组成，如图 2-13 所示。

图 2-13　数据清洗的框架

(1) 准备。包括需求分析、信息环境分析、任务定义、方法定义、基本配置，以及基于以上工作形成数据清洗基本方案等。通过需求分析明确信息系统的数据清洗需求，如格式、属性等；通过信息环境分析明确数据所处的信息环境特点；任务定义用于明确具体的数据清洗任务目标；方法定义用于确定合适的数据清洗方法；基本配置用于完成数据接口等的配置。最后要形成完整的数据清洗基本方案，并整理归档。

(2) 检测。包括检测前所必需的数据预处理，并进行重复记录、不完整记录、无关记录等数据质量问题的检测，对检测结果进行统计，以获得全面的数据质量信息，并将相关信息整理归档。

(3) 定位。包括数据质量问题定位、数据追踪分析，并根据检测结果对数据质量进行评估。然后分析数据与安全的相关性以及问题数据产生的原因，进而确定数据质量问题性质及位置，形成数据修正方案，并将相关信息归档。根据定位分析情况，可能需要返回检测阶段重新对数据进行处理。

(4) 修正。在定位分析的基础上，对检测出的数据质量问题进行修正，具体包括问题数据标记、无用数据删除、重复数据合并、缺失数据估计和补充等，并对数据清洗的过程进行管理。

(5) 验证。本阶段的任务是验证修正后的数据与任定目标的符合性。如果数据与任务目标不符合，则应进一步进行定位分析与修正，甚至返回准备阶段，调整相应的准备工作。

采集和清洗之后的数据按照统一的格式进行存储和管理，建立一定的索引机制，以实现高效的数据抽取，为后续的数据融合、关联、安全分析等工作做好铺垫。

2.3.5 安全策略管理

信息系统的安全策略是指为发布、管理、保护敏感信息资源而制定的一系列政策和措施的总和，它是对信息资源使用、管理规则的描述，也是企业内部所有领导和员工必须遵守的规则。

安全策略是企业对处理安全问题管理策略的描述，策略要能对某个安全主题进行描述，探讨其必要性和重要性，解释清楚什么该做，什么不该做。安全策略应该简明，在生产效率和安全之间应求得平衡，安全策略应易于实现，易于理解，安全策略必须遵循确定性、完整性和有效性。另外，安全策略还可能包含一些表面上和上述几个概念没有任何关系的方面，因为整个企业的整体安全是最重要的，不能忽略小的方面而影响整体的安全，这包括对设备、数据、电子邮件、互联网等可接受的使用策略。

信息安全策略是描述程序目标的高层计划，它既不是指导方针或标准，也不是程序或控制。安全策略为一个总体安全程序提供一份计划，应用者能按照定义好的方式来保证安全。策略中不应该包含具体的执行程序。程序是执行的详细步骤，而策略是对程序应该实现的目标的有效声明，安全策略使用普通的语言描述，所以不影响具体的执行过程。有些策略会有详细的执行说明或相关的文件资料，但是这些细节不应该出现在策略本身之中。

在自适应的安全防护体系中，安全策略也应该具有纵深防御的层次划分。安全策略应循序渐进地逐步加深、加强。其基本的设计原则如下：

(1) 先易后难。即优先解决技术难度较低的安全问题，以在较短的时间减少较多的安全漏洞为目标，能够较快地减小攻击面，减少系统受到的威胁，避免影响进一步扩大，接下来再解决复杂的安全问题。

(2) 先急后缓。即优先解决紧急的安全问题，优先关注重要业务相关的系统，修复紧急的安全漏洞以及快速响应紧急安全事件。再接下来解决非紧急的安全问题，如安全架构的调整、总体的安全策略等。

(3) 先众后寡。即优先解决普遍性的安全问题，对于此类安全问题主要考虑其影响面。例如，安全漏洞本身并不是高危的，但是其相关的业务系统所涉及的用户众多，或者相同的安全漏洞同时出现在大多数的终端上，这样的安全问题影响面较广，应该优先解决。个别性的安全问题排在普遍性的安全问题之后解决。

(4) 先云后地。在当前的网络环境下，云端服务的影响范围和影响深度都远大于本地终端的安全问题，因此，在纵深防御的策略中，优先解决云端安全问题，使得整体系统的服务能够保持正常的运行，是非常重要的。然后再解决本地终端的个别安全问题。

（5）先端后网。优先解决终端和服务器主机的安全问题，再解决传输网络的安全问题。终端和服务器主机的安全漏洞可能引起更大范围的安全问题，尤其对于企业内网，保护终端主机能够优先保护数据。然后再解决网络传输的问题。

（6）先物后事。即优先解决资产（物）自身的安全问题（如系统漏洞、应用程序漏洞等），再解决运行过程和人员行为（事）的安全问题。主要目的是：优先从技术角度对信息系统进行安全加固，实现基础安全，这是后续安全运维的保障；其次解决运行过程和人员行为中的安全问题，具体问题具体分析，能够最大程度地减小这些问题对系统安全的影响。

（7）先预后立。主要指的是优先对信息系统进行安全体系的设计和规划，再进行具体的落地实施，即先制定管理的规章制度和工作流程的建设问题，再解决实际的安全监测和防护手段建设的问题。

先进的网络安全技术是网络安全的根本保证。用户对自身面临的威胁进行风险评估，决定其所需要的安全服务种类，选择相应的安全机制，然后集成先进的安全技术，形成一个全方位的安全系统。严格的安全管理是确保安全策略落实的基础，各计算机网络使用机构和企业应建立相应的网络安全管理办法，加强内部管理，建立合适的网络安全管理系统，加强用户管理和授权管理，建立安全审计和跟踪体系，提高整体网络安全性。

法律法规是网络安全保障的坚强后盾，《中华人民共和国网络安全法》的颁布对于企业信息系统安全策略有着重要的参考作用。对于规模复杂的信息系统，往往难以制定覆盖全面并且高效的安全策略，严格地遵照法律法规的规定有利于安全策略的制定和推行。

信息系统安全策略应该全面地保护信息系统整体的安全。在设计策略的覆盖范围时，主要考虑以下几个方面：

（1）物理安全策略。包括环境安全、设备安全、媒体安全、信息资产的物理分布、人员的访问控制、审计记录、异常情况的追查等。

（2）网络安全策略。包括网络拓扑结构、网络设备的管理、网络安全访问措施（防火墙、入侵检测系统等）、安全扫描、远程访问、不同级别网络的访问控制方式、识别、认证机制等。

（3）数据加密策略。包括加密算法、适用范围、密钥交换和管理等。

（4）数据备份策略。包括适用范围、备份方式、备份数据的安全存储、备份周期、负责人等。

（5）病毒防护策略。包括防病毒软件的安装、配置以及对软盘使用和网络下载等作出的规定等。

（6）系统安全策略。包括访问策略、数据库系统安全策略、邮件系统安全策略、应用服务器系统安全策略、个人桌面系统安全策略和其他业务相关系统安全策略等。

（7）身份认证及授权策略。包括认证及授权机制、方式、审计记录等。

（8）灾难恢复策略。包括负责人员、恢复机制、方式、归档管理、硬件、软件等。

（9）应急响应策略。包括响应小组、联系方式、事故处理计划、控制过程等。

（10）安全教育策略。包括安全策略的发布和宣传、执行效果的监督、安全技能的培训、安全意识教育等。

(11) 口令管理策略。包括口令管理方式、口令设置规划、口令适应规划等。

(12) 补丁管理策略。包括系统补丁的更新、测试、安装等。

(13) 系统变更控制策略。包括设备、软件配置、控制措施、数据变更管理、一致性管理等。

(14) 商业伙伴及客户关系策略。包括合同条款安全策略、客户服务安全建议等。

(15) 复查审计策略。包括对安全策略的定期复查、对安全控制及过程的重新评估、对系统日志记录的审计、对安全技术发展的跟踪等。

2.3.6 安全监测能力

安全监测是日常运维工作的主要内容,从监测对象角度主要以人、地、事和物 4 类展开,如图 2-14 所示。

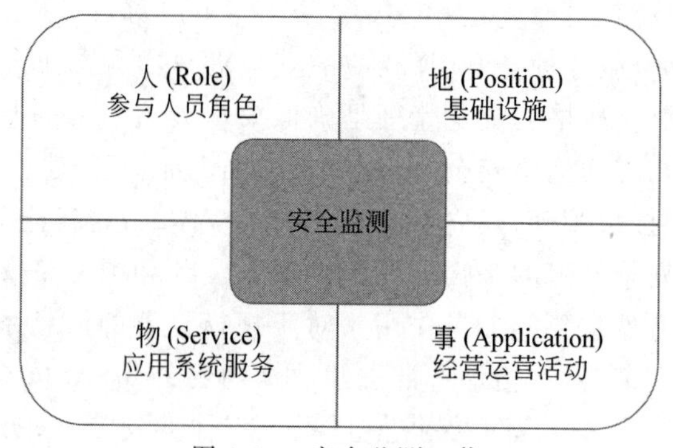

图 2-14 安全监测工作

人主要是指参与信息系统运行的人员(以下简称参与人员),包括普通用户、管理员、维护人员、安全保障人员和第三方技术支持人员等;地主要指组成信息系统的基础设施,包括主机、服务器(包含虚拟化系统)、网络设施以及安全设备等;事主要指相关的业务活动、数据的采集处理、系统的运营和安全维护活动等;物主要指信息系统涉及的应用系统服务,包括业务管理、数据库和计算中心等。

对参与人员主要监测与之相关的行为,保证相关终端入网前达到安全基线要求,对终端进行恶意代码查杀、监测与修复,进行入侵防护,对参与人员的操作行为进行审计与控制,对下载到本地的文件进行加密和添加水印,对参与人员获取数据的过程、数量、频率进行审计和监控。在获取数据后,保障数据在本地不落地,在网络侧对参与人员的运维操作进行审计,为进入到非第三方人员办公区网络的第三方人员配置专用终端等。

对系统基础设施主要监测主机、操作系统、网络等方面。对主机资产与运行状态进行监控,对资产状态变化进行审计并报警;对主机账号进行统一管理,对主机账号的使用进行审计;及时发现并修复主机漏洞;及时发现并查杀主机恶意代码;及时发现并修复针对主机的入侵攻击;防止网络链路被嗅探劫持,对网络链路进行加密;对网络进行安全域的划分并进行隔离;对网络进行最小化访问权限控制;等等。对基础设施要做好数据采集和处理,为后续的安全分析和预警工作打下良好的基础。

对系统业务运营活动主要监测活动过程可能存在的安全风险，不仅对业务前端普通用户的活动进行监控和记录，对后台管理和运维人员的活动也要严格监测。例如，在经营和运维过程中可能会存在账号交叉使用的现象，这种情况经常出现在经营人员相互替代或运维人员相互替代的场景中，这属于经营和运维过程中的典型违规场景，可能导致密码泄露，引发数据泄露或其他安全风险。

对应用系统服务主要监测信息系统涉及的所有子应用服务，如资源目录、数据管道、存储系统，后台管理等方面。检查系统的逻辑漏洞并及时修复，及时发现针对系统的漏洞利用攻击，对系统中植入的 Webshell 进行检测，对系统页面中植入的暗链、页面篡改攻击等进行监测、拦截与恢复，对系统的 DNS 劫持攻击、仿冒网站、钓鱼网站进行监测，对系统的 DDoS 攻击流量进行拦截与清洗。对系统的访问账号进行统一管理，监测涉及数据库账号的行为。

2.3.7 安全事件响应能力

近年以来，高等级的安全应急响应活动越来越频繁，大规模 DDoS 攻击、勒索软件和 APT 攻击等层出不穷。这种形式有两个主要原因。一方面，商业软件获得了更大规模的应用，任何一个商业软件出现重大安全漏洞都会影响大量的用户；另一方面，各国在网际空间安全能力竞争的驱动下对漏洞挖掘和利用能力的研究不断深入，各种挖掘和利用方法不断被发掘出来，因此对于信息的攻击也会越来越频繁，系统会遭受各种各样的网络安全事件攻击。这个趋势在未来的一段时间内还将继续保持，因此网络安全事件响应能力也需要不断地提高，以应对这些变化。

网络空间的攻防斗争也可以借鉴现实战争的理论。美国空军自第一次世界大战以来一直不断研究空战。多年来，有关空战的不同理论层出不穷，不断取得进步，其中 JohnBoyd 的 OODA 循环模型理论是使用较为广泛的理论之一。OODA 循环模型包括观察、定位、决策和行动 4 个环节。该理论在网络空间安全领域同样适用。

网络空间安全事件响应能力也体现在观察、定位、决策和行动 4 个方面：

(1) 观察(Observe)能力。实时了解网络中所发生的事件的能力，包括传统的被动检测方式、各种已知检测工具的报警或来自第三方的通报(如用户或者安全服务公司)。除此之外，还需要采用更积极的检测方式，即由事件响应团队基于已知行为模式、情报甚至某种经验，积极地去主动发现入侵事件。

(2) 定位(Orient)能力。指根据相关的环境信息和其他情报对以下问题进行分析的能力：这是一个真实的攻击吗？它是否成功？它是否损害了其他资产？攻击者还进行了哪些活动？

(3) 决策(Decision)能力。指确定应该做什么的能力。针对观察和定位确定的攻击事件，快速做出行动决策，这里包括缓解、清除、恢复等，同时也可能包括选择请求第三方支持甚至反击。反击往往涉及法律风险，并且容易伤及无辜，在一般情况下不是好的选择。

(4) 行动(Action)能力。指能够根据决策快速展开相应活动的能力。这需要安全运维团队有较好的应急响应预案，并且训练有素，在最短的时间内针对安全事件完成响应工作。

2.3.8 数据关联与安全分析

随着复杂信息系统的规模逐渐扩大,功能不断增多,网络空间出现了各种安全威胁。为了处理海量的、多元异构的并且具有动态特性的安全数据,就必须进行安全数据的关联分析和融合。

首先进行数据的降维处理,针对安全业务的相关性,剔除安全数据中的无关属性,并且建立一定的数学模型,对与安全事件或安全行为关系密切、指向重复或相似的信息属性进行整合,降低安全数据的整体维度,有利于安全事件的进一步分析。

其次进行安全数据的关联分析,主要包括安全数据与信息系统各组成部分的实体相关联和安全数据与安全事件相关联两个方面。安全数据与信息系统实体的关联分析主要依靠数据的属性、网络流量等,安全数据与安全事件的关联分析则需要进一步的理论研究、实验和长期的运维经验。安全数据的关联分析是对网络中各种安全设备进行统一管理,对各个设备中分散的、多样化的安全事件信息进行综合统一分析处理,从中发现各种安全迹象和征兆,从而有效地预防各种入侵、攻击,以提高网络的整体安全性。为了达到更有效的安全、一致性管理的目的,需要从分散的事件源中集中收集、规范、聚集及关联事件日志数据,以此发现网络中潜在的安全漏洞及可能的攻击者入侵和病毒活动。

安全事件关联是整个展示决策层安全运维工作的核心部分之一,负责分析来自网络事件源的事件,并及时进行响应。安全事件关联分析的一般流程如图 2-15 所示,数据库服务器包括事件库、规则库和策略库。其中,事件库存放收集的安全事件,规则库存放事件相关性分析的规则,策略库存放需要采取的策略。分析引擎从经过预处理过的事件库中抽取有用的信息,采用基于规则和基于统计的分析方法,综合分析事件库的安全事件,从而重构整个攻击场景,降低误报率,帮助安全运维人员发现网络中潜在的安全隐患。响应单元主要负责对分析引擎的分析结果依据策略数据库中的策略进行及时响应,并在事件分析过程中不断丰富策略库。响应指的是高危险级的实时报警。将其他分析结果形成评估报告呈现给管理员。

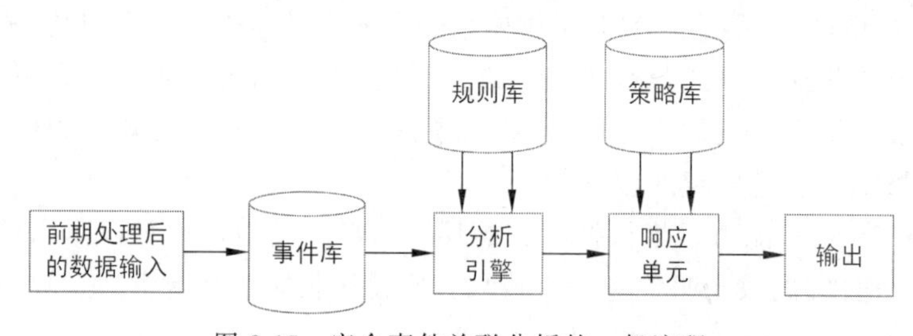

图 2-15 安全事件关联分析的一般流程

将安全事件、故障告警事件与当前网络、业务、设备的实际运行环境、状态、重要程度进行关联,通过更广泛的信息相关性分析,识别安全威胁。安全事件关联可以根据事件的特点结合不同情境进行关联分析,扩展成不同的功能。安全事件关联可以包括以下几种关联:

(1) 与漏洞信息关联。将安全事件与该事件所针对的当前目标资产的漏洞信息进行关联,包括端口关联和漏洞编号关联。例如,IDS 告警信息如下:源 IP 地址对目的 IP 地址进行漏洞攻击，目的 IP 地址存在某个编号的漏洞，该漏洞是高危漏洞。

(2) 与资产信息关联。将事件中的 IP 地址与资产价值、资产类型、自定义资产属性等进行关联，以判断事件的准确性与风险程度。例如，IDS 告警信息如下：源 IP 地址对目的 IP 地址进行 SQL 注入攻击，目的 IP 地址是一个 Web 应用服务器，该 Web 应用是一个机密性很高的系统。

(3) 与性能状态关联。将事件中的 IP 地址与设备的当前对应性能指标关联，以判断事件的准确性与风险程度。例如，IDS 告警信息如下：源 IP 地址对目的 IP 地址进行 SYN 攻击，并且目的 IP 地址的响应参数明显降低或不响应。

(4) 与网络状态关联。将安全事件与该事件所针对的目的资产(或发起攻击的源资产)当前的告警信息以及当前的网络告警信息进行关联。例如，IDS 告警信息如下：存在 ARP 攻击，发生攻击的网段大部分设备掉线，只有某台设备在线，基本可以判定该设备就是攻击源。

(5) 与物理拓扑关联。根据网络物理拓扑信息进行网络连接关联分析与网络路径可达性检测，自动进行网络根本故障源定位。例如，某区域终端设备突然全部掉线，这些终端都连接同一个交换设备，该交换机也处于掉线状态，该交换机上联的网络设备在线，基本可以判定该交换机是故障源。

接下来是安全数据的融合工作。网络攻击手段的融合促成了对抗攻击手段的融合，不同设备、不同类型的安全数据的融合有利于网络安全事件的综合分析，增强网络安全管理的有效性，并形成对系统整体环境的安全性水平的评价。数据融合主要分为 3 个层次，即原始数据融合、特征级的融合以及决策级融合。

(1) 原始数据融合是指直接在采集到的原始数据上进行融合，是最低级的融合方式，能够保持最多的数据和细节信息，但是数据量过大，融合的代价高，时间长。

(2) 特征级的融合是在数据融合之前对其进行特征提取和处理，并对特征信息进行融合，有效的压缩了数据量和融合成本。

(3) 决策级的融合是一种高层次的融合方式，利用多种信息得到支撑决策的融合结果。这是复杂信息系统的安全体系应采用的数据融合方式。具有较高的容错性和抗干扰性，能够支撑较大规模的安全运维工作。

对安全数据进行有效的降维处理、关联、融合后，即可开展具体的安全分析。安全分析可以大致分为 3 个阶段，即基础的安全数据分析、基于安全数据的行为分析以及基于人工智能的安全分析和预警。

基础的安全数据分析包括系统的脆弱性分析、安全威胁分析、网络异常流量分析以及与安全事故直接相关的安全设备或子系统的日志分析等。其主要目的是掌握安全事件的基本信息，收集线索和素材，确定安全威胁的范围和可能造成的影响等，为安全运维和防护工作提供基本的参考资料。典型的告警应用场景包括异地查询、异地登录、数据非法访问、频繁访问、异常访问等，典型的预警应用场景包括未知的访问、重点 CA 保护、客户端访问排行、访问回溯等。

基于安全数据的行为分析则是在安全数据分析基础上的进阶工作，需要通过一定的数学建模，积累一定的安全运维经验，结合关联的安全数据、安全设备实体、网络流量等多方面因素，分析在安全事件发生的过程中攻击者、用户、管理者、系统各组成单元等不同角色的行为，从而发现安全事件产生的原因和具体过程，得到完整的安全事件的相关信息。

基于人工智能的安全分析和预警是安全分析的高级形态，通过系统安全运维积累的大量经验和各种安全数据，提取安全事件的攻击特征和基本行为，并根据这些特征和行为进行机器学习或深度学习，通过训练得到具有较好的安全分析和判断能力的数学模型。进一步的提高和优化人工智能的性能，使其最终可以用来动态判断未知的新型攻击行为或事件，达到安全预警的目的。

2.3.9 可视化与决策

可视化技术在网络安全领域应用非常广泛。在数据驱动安全的概念流行的今天，每个安全厂商都希望展现自己在数据方面的实力，无论数据的丰富程度或者及时性都可以通过可视化很好地展现出来。

业内对可视化的最大期待是在安全分析上，希望通过可视化方式让大数据更好地被使用，为用户产生价值。可视化应用的场景包括安全分析的异常发现、误报分析、调查取证和关联分析等阶段。大数据可视化目前还处在起步阶段，而可视化技术和数据挖掘一样，属于跨领域的专业，却没有像数据挖掘一样被正确认识，安全领域的专家和数据挖掘算法、数理统计方面的团队协同工作，但可视化在很多时候往往被认为是设计师和前端开发的工作，这种认识使得国内安全行业的可视化发展缓慢。

安全态势可视化是企业信息系统安全运维工作的重要内容，能够展示企业安全状态的真实信息，反映安全运维工作的效果。安全态势可视化根据发展历程来分，主要有4种技术：基于单条告警的列表展示模式、基于统计图表展示模式、基于自动化关联分析的图形展示模式、基于WebGL的3D可视化展示模式。

1. 基于单条告警的列表展示模式

基于单条告警的列表展示模式是最常用的一种告警展示模式，其主要特点是以表格形式呈现，针对一条告警可以显示多个重要的维度，同时针对多个告警还可以通过不同的维度进行筛选。其优点是实现简单，符合一般客户的使用习惯，但是缺点也较为明显，无法展示各个告警之间的关联性，不能看到整体的安全状态。

2. 基于统计图表展示模式

基于统计图表展示是目前大多数安全产品的主流展示模式，其通过对不同的安全设备告警数据进行统计，将结果以柱状图、饼状图或折线图等图形的方式展示，可以有效地展示安全设备所属信息系统在一段时间内的安全状况，相对于单条告警的展示模式更加直观明显。但是其缺点在于图表数量较多，内容较为复杂，需要有详细的解释说明，对于非专业人员来说理解起来相对困难。

3. 基于自动化关联分析的图形展示模式

基于自动化关联分析的图形展示模式使得安全结果的展示更加直观，如对安全告警在图形中进行标注并自动连线进行关联分析等。要实现安全数据的自动化关联，就必须解决海量数据的实时计算问题。

4. 基于 WebGL 的 3D 可视化展示模式

基于 WebGL 的 3D 可视化展示模式是目前最先进的技术，通过 3D 可视化技术，可对原本碎片化的威胁告警、异常行为告警、资产管理等数据进行结构化处理，形成高维度的可视化方案。将企业的整体安全态势直观地展现出来，使得企业管理者能够全面了解企业的安全威胁。

3D 可视化技术的优势是利用大数据安全分析及态势感知技术平台使得安全态势一目了然，不仅带来了企业用户的良好体验，同时还有效地提高了安全监控的效率。

2.4 企业信息系统安全拓扑结构

综合前面介绍的安全运营体系建立的企业信息系统安全拓扑结构如图 2-16 所示。在网络的不同位置分别部署了不同的安全设备和安全系统。在第 3 章将分别介绍这些安

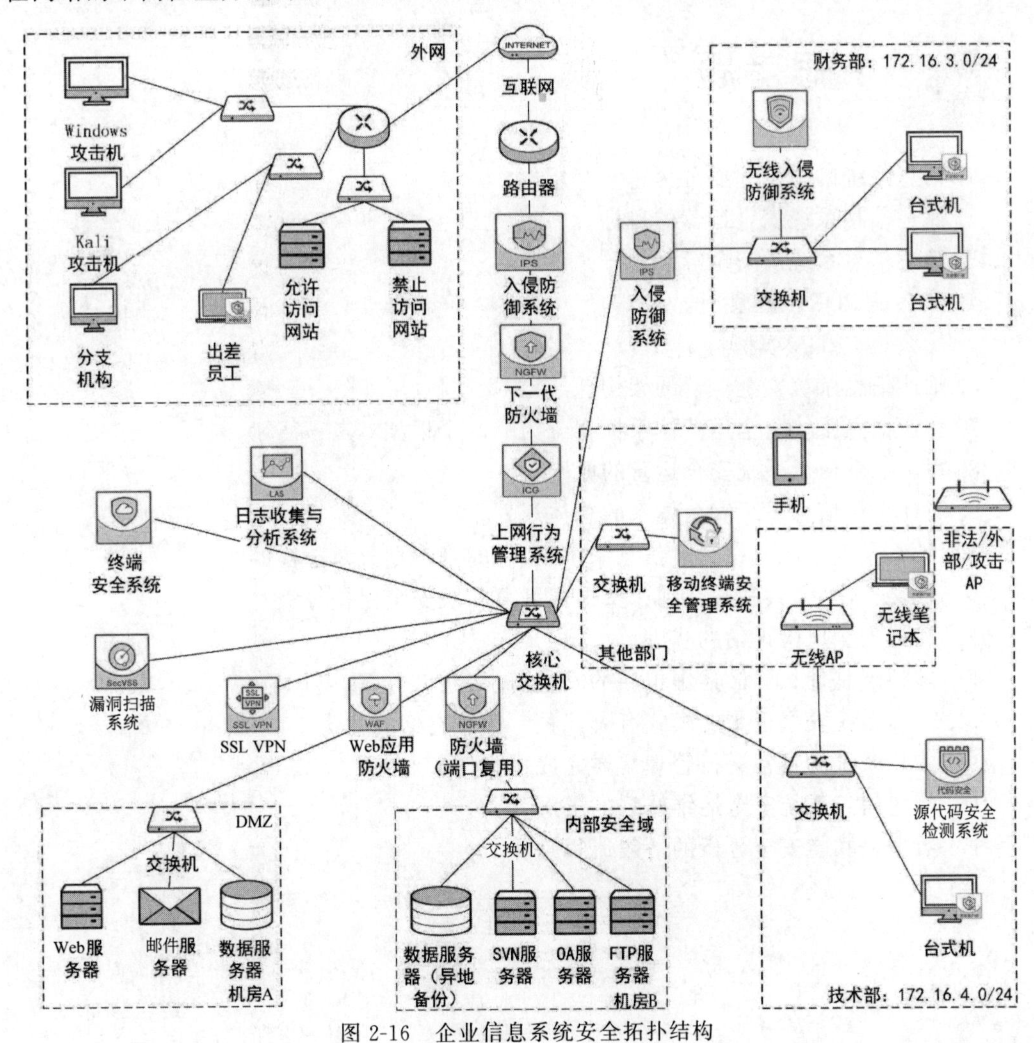

图 2-16　企业信息系统安全拓扑结构

全设备和系统。以下是主要的安全设备和安全系统：

- 为保障企业信息系统的安全，在核心交换机与高端路由器之间配置了下一代防火墙、上网行为管理设备和入侵防御系统。
- 机房 A（即 DMZ）与核心交换机之间配置了 Web 应用防火墙。
- 机房 B（即内部安全域）与核心交换机之间也配置了防火墙。
- 为保护财务部的敏感数据，在其节点交换机前配置了入侵防御系统。
- 为防止财务部员工私建热点，财务部配置了无线入侵防御系统。
- 技术部配置了源代码安全检测系统，用以测试新开发软件的漏洞。
- 为实现终端的防病毒和桌面管理功能，在所有部门办公主机上部署了终端安全管理系统。
- 除财务部以外的部门，为实现安全移动办公，配置了移动终端安全管理系统。
- 在网络中还配置了日志收集与分析系统、漏洞扫描系统以及 SSL VPN 等安全设备。

2.5 思考题

1. 信息系统的安全主要分为哪 5 个层次？
2. 简述信息系统安全运营的目标。
3. 简述信息系统的安全等级划分。
4. 什么是 PDRR 模型？
5. 什么是 PPDR 模型？
6. 阐述信息系统安全运营的架构。
7. 企业信息系统安全运营体系框架分为哪两个框架？
8. 写出 5 个信息系统安全运营的原则。
9. 简述企业信息系统安全体系的总体规划。
10. 什么是安全域？在企业信息系统中，它的基本划分是怎样的？
11. 社会秩序、公共利益受到严重损害是第几级安全保护等级？
12. 简述安全风险评估的步骤。
13. 虚拟层是什么？简述虚拟层的安全需求分析。
14. 信息系统安全运维的模式有哪几种？比较它们的优劣。
15. 信息系统的日常运行管理需要完成哪些任务？
16. 简述信息系统安全运维体系的层次。
17. 数据关联与安全分析的一般流程是什么？

第3章 企业网常见安全设备

网络安全体系框架是整个信息系统安全的核心,其建设得成功与否决定着整个信息系统的安全。网络安全设备与企业信息系统安全直接相关,网络安全的各种策略和管理手段都必须依靠网络安全的各种软硬件才能最终实施。因此,需要在各位置按需部署网络安全软硬件,以构建一个安全的网络环境。

前面介绍过网络安全滑动标尺模型,说明了安全防护措施的构建是一个叠加演进的过程,后面每一个阶段都依赖前一阶段的建设。企业信息系统的安全建设和安全运营工作是一个漫长而持续的工作,因此打好基础非常重要。本章主要介绍在架构安全和被动防御阶段。企业网安全防护措施中最常使用的安全设备。

3.1 安全设备概述

安全设备是指企业在生产经营活动中为了将危险、有害因素控制在安全范围内,以减少、预防和消除危害所配备的硬件设备和软件系统。而在本章中主要介绍的是常见的安全设备,如防火墙、入侵防御系统、VPN和杀毒软件等。安全设备能够实现相应的网络安全防护手段,能抵御大部分网络安全威胁,从而完成信息系统安全保障的任务。

3.1.1 网络安全设备的评估

本节从以下7个方面介绍网络安全准备的评估方法。

1. 自身安全性

网络安全设备自身的安全性是衡量一个安全产品成熟度的重要指标之一。例如,防火墙产品作为企业网络安全的第一道防线,其自身的安全性、抗攻击的稳定性非常重要。当验证某一网络安全产品自身安全性时,可通过其他漏洞扫描工具和专业的渗透工具等对网络安全设备进行扫描,评估其是否存在网络安全漏洞;同时也可以依托第三方评测机构对网络安全设备的安全性进行检测。

2. 防御能力

网络安全设备对于网络安全攻击的防御能力是衡量安全产品能否真正适用于恶劣的网络攻击环境、完成网络安全防护的重要标准。一般的企业很难采用专业的手段对网络安全设备的网络攻击防御能力进行严格的评估和测试。例如,当用户购买抗DDoS攻击设备时,企业自身无法模拟大规模的DDoS攻击。因此,对于网络安全设备的网络攻击防御能力，可以参考权威机构的检测报告，辅以检测软件进行评估。

3. 运维管理

优秀的网络安全产品一定具备出色的安全运维管理功能。网络安全运维人员能够简便、有效地完成网络安全设备的运维管理工作，通过运维管理界面清晰明了的掌握网络安全产品的运行状况。通常网络安全产品的运维管理需要完成以下常见功能：帮助用户快速部署网络安全策略，清晰、快速地展示当前系统的运行情况，帮助网络安全运维人员快速、有效地发现威胁信息。

4. 稳定性

网络安全产品的稳定性是一个长期的评估指标，难以通过短期的测试和试用来进行准确评估。评估安全产品的稳定性，一般从年度销售额、产品在线运行的数量、错误报告率等方面进行衡量。

5. 性能

网络安全产品的性能是评估安全产品的重要指标。近年来，随着网络安全技术的不断发展，各种网络设备不断增加新功能，对于常规功能(如防火墙的吞吐量、设备并发连接数和设备新建连接数等)的检测不足以全面评估网络安全产品实际性能。评估性能的方法除实际测试外，还可借助专业设备进行测试并生成分析报告。

6. 服务响应能力

网络安全设备厂商的服务响应能力直接关系到网络安全产品售后的支持。网络安全设备厂商应该具备快速的服务响应能力和专业的服务响应团队，除常规的设备正常响应外，还能响应新威胁发生时的各种应急处理。

7. 性价比

网络安全产品的性价比是采购设备时需要重点考量的指标之一。评估一款网络安全产品的性价比应从是否完全能够满足用户的需求和价格这两个角度进行。

3.1.2 安全设备采购与部署

随着网络空间安全行业的发展，目前市场上的网络安全产品种类繁多，不能只依据网络安全厂商的概念宣传采购产品。在繁多的网络安全产品中进行选择时，不仅需要考虑品牌、销量和功能等常规因素，还需要依据自身的需求对安全产品进行验证性测试，根据信息系统的安全需求选择合适的安全产品。

一般的网络安全产品采购流程如下：首先对多家安全厂商的安全产品进行比对；然后对产品的功能、性能、专业化程度、产品的成熟度等方面进行评估；接下来还需要根据信息系统规模对产品的性能进行评估。从信息系统的网络安全需求出发评估安全产品，在购买网络安全产品时需要考虑信息系统的网络和业务特点、网络安全的需求。

网络安全设备采购到位以后，应当根据系统安全体系的规划，将网络安全设备部署到网络的相应位置。企业信息系统主要分为接入区、核心交换区、业务应用区和安全管理区。

(1) 接入区主要负责信息系统对外的所有通信接入任务,包括互联网接入、分支机构接入以及第三方接入。接入区是信息系统对外通信的必经之路,对抵御外部的攻击以及内部的信息防泄露有着至关重要的作用。接入区主要部署防火墙、流量控制网关和安全网关等设备。

(2) 核心交换区是信息系统数据交换最重要的区域,由内到外和由外到内的所有数据都应该接受安全检查,在核心交换区内旁路部署安全审计系统、入侵检测系统和入侵防御系统等,实时地进行流量监控和预警。

(3) 业务应用区是企事业单位信息系统的工作主体,所有的功能都是为业务的正常开展提供服务。业务应用区一般分为对外业务、核心业务以及内部应用等。通常,业务应用区还部署磁盘阵列以及存储保护设备等。在一些对安全要求较高的场景中,存储功能可以单独划分一个区域,进行独立的安全防护。

(4) 安全管理区主要负责安全运维管理工作,也是信息系统中支撑业务安全运行的最主要的保障。安全管理区通常部署集中的安全管理平台和安全运维需要的各类设备,如漏洞扫描系统、补丁分发服务器、4A应用系统、域间防火墙、入侵检测系统、入侵防御系统和堡垒机等。

网络安全设备部署完成后,需要对日常的网络安全设备进行安全运维管理。企业的安全运维人员对安全设备进行维护,从而发现企业中存在的各种安全隐患,保障企业的信息安全。网络安全问题发现得越早,受到的损失就会越小,修补的代价也会越小。所有的安全策略的设计和设备的运维都需要依靠有经验的网络安全运维人员,因此,在网络安全的所有环节中,网络安全运维人员投入非常重要。

以下各章节中将选取关键的网络安全设备进行详细阐述。

3.2　防火墙

防火墙(firewall)是指设置在不同网络(如可信任的企业内部网和不可信任的公共网)或网络安全域(security zone)之间的一系列部件的组合。它是不同网络或网络安全域之间信息的唯一出入口,能根据企业的安全政策控制(允许、拒绝、监测)出入网络的信息流,且本身具有较强的抗攻击能力。

1. 防火墙的功能

随着防火墙的不断发展,其功能越来越丰富,但是防火墙最基础的两大功能仍然是隔离和访问控制。隔离功能就是在不同信任级别的网络之间“砌墙”;而访问控制就是在墙上“开门”并设置“守卫”,按照安全策略来进行检查和放行。典型的企业网防火墙部署如图3-1所示。

防火墙的主要作用通常包括以下几点。

1) 基础组网和防护功能

防火墙能满足企业环境的基础组网和基本的攻击防护需求。防火墙可以限制非法用户(例如黑客、网络破坏者等)进入内部网络,禁止存在安全脆弱性的服务和未授权的通信

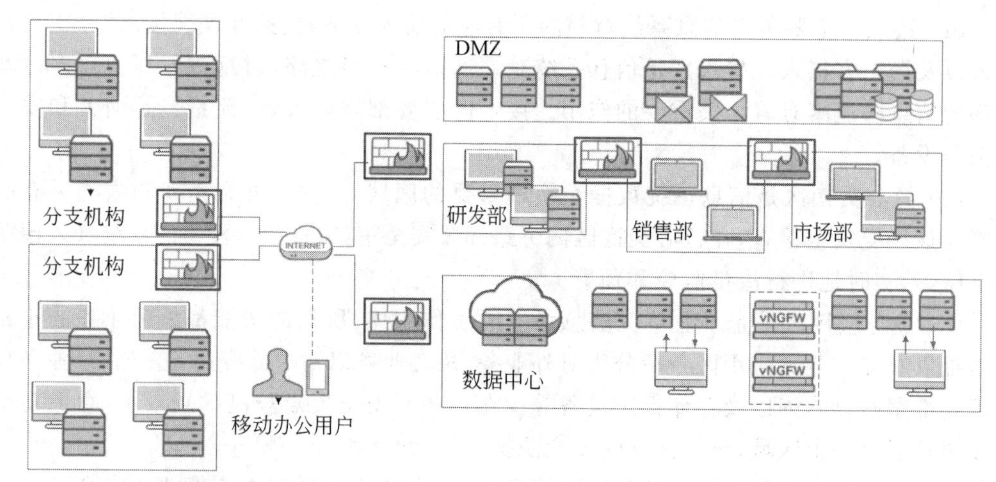

图 3-1　典型的企业网防火墙部署

数据包进出网络,并对抗各种攻击。

2）记录监控网络存取与访问

防火墙是唯一的网络接入点,所有进出的信息都必须通过防火墙,所以防火墙可以收集关于系统和网络使用与误用的信息并生成日志记录。通过防火墙可以很方便地监视网络的安全状况,并在异常时给出报警提示。

3）限定内部用户访问特殊网站

防火墙通过用户身份认证来确定合法用户,并通过事先确定的完全检查策略来决定内部用户可以使用的服务,以及可以访问的网站。

4）网段隔离

利用防火墙对内部网络的划分,可实现网络中网段的隔离,防止由于影响一个网段的问题通过整个网络传播,限制了局部重点或敏感网络安全问题对全局网络造成的影响,同时保护一个网段不受来自网络内部其他网段的攻击,保障网络内部敏感数据的安全。

5）网络地址转换

防火墙可以作为部署 NAT 的逻辑地址,以缓解地址空间短缺的问题,并消除在更换网络服务提供商时带来的重新编址的麻烦。

2. 防火墙的部署

在部署防火墙时,首先要规划安全域,明确不同等级安全域相互访问的安全策略,然后再确定防火墙的部署位置以及防火墙接口的工作模式。防火墙上通常预定义了 3 类安全区域：受信区域(Trust)、非军事化区域(DMZ)和非受信区域(Untrust),用户可以根据需要自行添加新的安全区域。

受信区域,通常用于定义企事业用户内部网络所在区域。

DMZ 也称为隔离区,它是为了解决安装防火墙后外部网络不能访问内部网络服务器的问题而设立的一个非安全系统与安全系统之间的缓冲区,这个缓冲区是不同于外网或内网的特殊网络区域,通常放置一些不含机密信息的公用服务器,例如 Web 服务器、邮件服务器、FTP 服务器等。这样,来自外网的访问者可以访问 DMZ 中的服务,但不可能接触到存放在内网中的公司机密或私人信息等。即使 DMZ 中的服务器受到攻击,也不会对内网中的机密信息造成影响。

非受信区域,通常是指外部网络的互联网区域。

在一般的防火墙部署方案中包括两类防火墙:外部防火墙和内部防火墙。外部防火墙抵挡外部网络的攻击,并管理所有内部网络对 DMZ 的访问。内部防火墙管理 DMZ 对于内部网络的访问。内部防火墙是内部网络的第三道安全防线,第一道和第二道分别是外部防火墙和堡垒主机。堡垒主机是一种被强化的、可以防御攻击的计算机,作为进入内部网络的一个检查点,以达到把整个网络的安全问题集中在某个主机上解决,而不用考虑其他主机的安全的目的。当外部防火墙失效的时候,内部防火墙可以起到保护内部网络的功能。而在局域网内部,对于互联网的访问由内部防火墙和位于 DMZ 的堡垒主机控制。采用这样的结构,攻击者必须通过 3 个独立的区域(外部防火墙、堡垒主机和内部防火墙)才能够到达局域网,攻击难度大大提高,相应地,内部网络的安全性也就大大加强了,但投资成本也增加的。

3. 防火墙的性能指标

防火墙主要有网络吞吐量、并发连接数、新建连接速率和应用层性能指标 4 个性能指标。

1) 网络吞吐量

吞吐量是衡量防火墙或者路由交换设备最重要的指标,它是指网络设备在一秒内处理数据包的最大能力。吞吐量表示这台设备在一秒内能够处理的最大流量或者说一秒内最多能够处理的数据包个数。设备的吞吐量越高,能提供给用户使用的带宽越大。依据木桶原理,网络吞吐量取决于网络中吞吐量的最低设备,足够的吞吐量可以保证防火墙不会成为网络的瓶颈。

2) 并发连接数

并发连接数是衡量防火墙性能的一个重要指标。因为防火墙是唯一出口,所有用户都要通过防火墙上网,用户需要打开很多窗口或 Web 页面(即会话),防火墙能处理的最大会话数量就是最大并发连接数。最大并发连接数是对防火墙或代理服务器对其业务信息流的处理能力的描述,是防火墙能够同时处理的点对点连接的最大数目,它反映出防火墙设备对多个连接的访问控制能力和连接状态跟踪能力,这个指标直接影响防火墙能支持的最大信息点数。

3) 新建连接速率

新建连接速率指一秒以内防火墙能够处理的 HTTP 新建连接请求的数量。用户每打开一个网页,访问一个服务器,在防火墙看来就是一个甚至多个新建连接。新建连接速率高的设备可以供更多人同时上网,提升用户的网络体验。

4) 应用层性能指标

应用层性能指标包括应用层吞吐量(HTTP 性能)和应用层新建连接速率(最大 HTTP 新建连接速率)。这两个指标可以衡量应用引擎能力的高低,代表应用层处理技术的有效性和先进性。较高的应用层性能可以保障单位计算资源处理更多的应用层数据包,更好地满足应用识别与控制需求。

3.3 入侵防御系统

入侵防御系统(Intrusion Prevention System,IPS)是指不但能精确地检测到攻击行为,而且能通过一定的响应方式实时地终止入侵行为的发生,实时地保护信息系统的一种智能化安全产品。入侵防御系统吸收、融合了防火墙和入侵检测技术的特点,可以为网络提供深层次的、有效的安全防护。

1. 入侵防御系统的工作原理

防火墙是实施访问控制策略的系统,对流经的网络流量进行检查,拦截不符合访问控制策略的数据包。传统的防火墙旨在拒绝那些明显可疑的网络流量,但仍然允许某些流量通过,因此传统的防火墙对于很多入侵攻击仍然无计可施。入侵检测系统(Intrusion Detection System,IDS)通过监视网络或系统资源,寻找违反安全策略的行为或攻击迹象,并发出报警。绝大多数入侵检测系统是被动的,而不是主动的,因此,在攻击实际发生之前,它们往往无法预先发出警报。

入侵防御系统则倾向于提供主动防护,其设计宗旨是预先对入侵活动和攻击性网络流量进行拦截,避免其造成的损失,而不是在恶意流量传送时或传送后才发出警报。入侵防御系统 是通过直接嵌入到网络流量中实现这一功能的,即通过一个网络端口接收来自外部系统的数据流,经过检查确认其中不包含异常活动或可疑内容后,再通过另一个网络端口将它传送到内部系统中。因此,入侵防御系统能准确地阻断有攻击行为或异常的数据包以及所有来自同一数据流的后续数据包与被保护网络的连接。

2. 入侵防御系统与入侵检测系统的区别

从产品价值角度来看,入侵检测系统注重的是网络安全状况的监管,而入侵防御系统关注的是对入侵行为的控制。与入侵检测产品实施的安全策略不同,入侵防御系统可以实施深层防御安全策略,在应用层检测出攻击并予以阻断。

从产品应用角度来看,为了达到可以全面检测网络安全状况的目的,入侵检测系统需要部署在网络内部的关键节点。如果信息系统中包含了多个逻辑隔离的子网,则需要在整个信息系统中实施分布部署,即每个子网部署一个入侵检测分析引擎,并统一进行入侵检测分析引擎的策略管理以及事件分析,以达到掌控整个信息系统安全状况的目的。而为了实现对外部攻击的防御,入侵防御系统需要部署在网络的边界,使所有来自外部的数据必须串行通过入侵防御系统,入侵防御系统即可实时分析网络数据,在发现攻击行为时立即予以阻断,保证来自外部的攻击数据不能通过网络边界进入网络。

入侵检测系统的核心价值在于通过对全网信息的分析,了解信息系统的安全状况,进而指导信息系统安全建设目标以及安全策略的确立和调整;而入侵防御系统的核心价值在于安全策略的实施以及对攻击行为的阻断。入侵检测系统需要部署在网络内部,监控范围可以覆盖整个子网,包括来自外部的数据以及内部终端之间传输的数据;入侵防御系统则必须部署在网络边界，抵御来自外部网络的入侵。

3. 入侵防御系统的部署

入侵防御系统典型的部署方式是串行接入。在串行接入方式下，一般不需要改变网络拓扑，只需要将入侵防御系统串联到防护链路之间，即可实现主动安全拦截攻击。其串行部署的位置有以下两类：

(1) 串行部署在内部网络的关键链路，以防御来自外部的攻击和病毒传播，并有效了解和控制内部应用。

(2) 串行部署在 DMZ 或者数据中心区，以防御来自内外网的对 Web 服务器、FTP 服务器等服务器的应用层攻击，或者阻断来自外部网络的异常行为。

3.4　上网行为管理设备

上网行为管理设备用来对员工基于内容的网络访问行为进行管理。员工的不当网络行为引发的问题无法通过传统的网络安全防护手段实现，必须通过专业的上网行为管理设备解决。上网行为管理设备基于用户、时间、应用、带宽等元素对员工的上网行为进行全面而灵活的策略设置，把网络风险管理从被动式响应管理提升为主动式预警管理，从防范管理提升为控制管理，把网络的通信安全提升为应用安全。

1. 上网行为管理设备的功能

上网行为管理设备通常具有以下几个方面的功能。

1) 网页访问审计与过滤

Web 是互联网上内容最丰富、访问量最大的应用，然而网页内容良莠不齐，充斥许多暴力、色情以及其他不良信息；此外，大量网络应用(如 P2P、IM、网络电视、游戏等)也借助 HTTP 协议或者 80 端口传输数据，一方面躲避防火墙的封堵，另一方面携带病毒、恶意软件，为内网用户带来安全风险，并挤占网络带宽。上网行为管理设备通过预分类过滤技术、URL 自动分类引擎以及灵活的策略设置，对违反国家法律、危害社会安全的内容进行过滤，避免用户有意或无意地访问包含非法内容的网页，减小病毒进入局域网的概率，降低企业法律风险，创造安全的上网环境。

2) 应用控制

如果即时通信、网络游戏、在线炒股等互联网应用不加管理，不可避免地会影响员工的工作效率，造成企业人力资源的严重浪费。上网行为管理设备能够根据多种条件及其组合对网络应用进行灵活的管理。可以设立以下条件：

(1) 用户、部门及其组合。

(2) 时间段，如上班时间、下班时间、周末等。

(3) 自定义协议，对特定的应用进行控制。

(4) 对网络应用进行封堵、允许以及流量控制管理。

3) 内容审计和过滤

通过互联网传递信息已经成为企业的关键应用，然而信息的机密性、健康性、政治性等问题也随之而来。通过上网行为管理设备可以制定精细化的信息收发监控策略，有效控制信息的传播范围，控制敏感信息的泄露，避免可能引起的法律风险。上网行为管理设备可以对邮件、即时通信、论坛发帖、搜索引擎关键字、HTTP文件传输、FTP文件传输等内容进行审计和过滤。

4）终端控制与准入

终端设备是网络安全的主体，不良软件的使用、防护系统缺失都可能带来终端安全隐患，进而影响内部网络安全。上网行为管理设备能够通过统一下发的客户端软件，结合统一的策略配置，检测终端系统的进程、文件、注册表、操作系统及补丁、杀毒软件及病毒库等信息，制定准入规则。

5）互联网流量实时监控

上网行为管理设备支持管理员实时地监控当前网络活动，可在第一时间对网络异常进行定位分析，包括当前在线用户列表、当前网络实时流量、最近24h网络流量变化情况、本日应用流量排名、本日用户流量排名、本日网站点击量排名等。

2. 上网行为管理设备的部署

上网行为管理设备一般支持多种接入方式，以适应不同用户的网络环境和管理需求，包括串联接入、旁路接入和集中管理。串联接入方式能实现对每一种网络应用的精确控制，完整审计所有上网数据。串联接入又分为网桥模式和网关模式两种。最常见的部署方式是串联网桥模式接入网络。上网行为管理设备以透明网桥方式接入网络，部署到企业或部门的网络出口位置，无须改动用户网络结构和配置。串联接入方式的典型拓扑如图3-2所示。

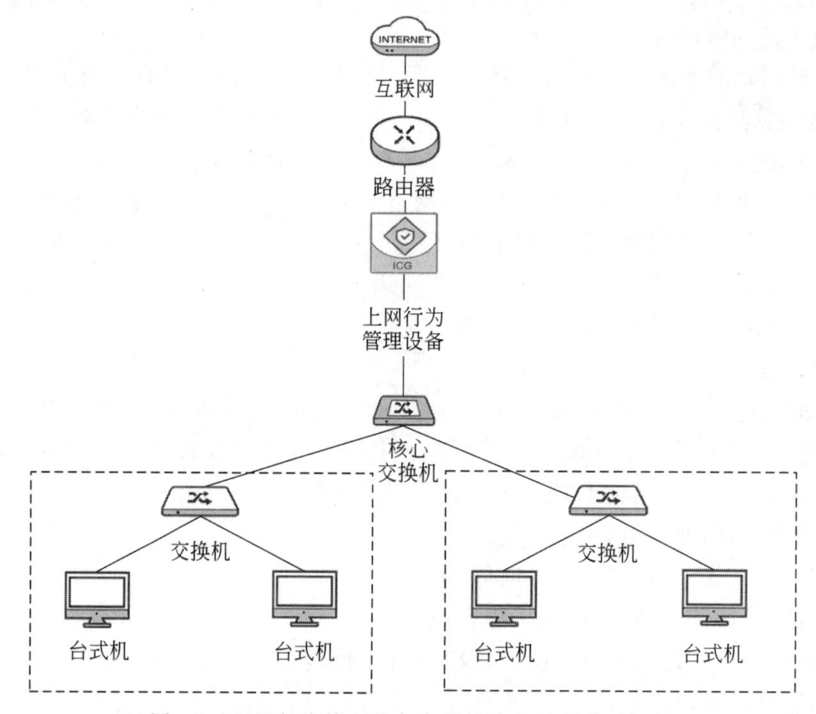

图3-2　上网行为管理设备串联接入方式的典型拓扑

3.5 Web应用防火墙

Web应用防火墙(Web Application Firewall,WAF)用以解决防火墙等传统网络安全设备无法解决的Web应用安全问题。WAF通过执行一系列针对HTTP/HTTPS的安全策略来专门为Web应用提供防护。WAF对来自Web应用程序客户端的各类请求进行内容检测和验证,确保其安全性与合法性,对非法的请求予以实时阻断,从而对各类网站进行有效防护。

1. WAF的功能

WAF产品通常具有以下5个方面的功能:

(1) Web非授权访问的防御功能。非授权访问攻击会在客户端毫不知情的情况下窃取客户端或者网站上含有敏感信息的文件,如Cookie文件,通过盗用这些文件,对一些网站进行未授权情况下的行为操作,如转账等。另外,WAF产品必须具备针对跨站请求伪造(Cross-Site Request Forgery,CSRF)攻击的防御功能。

(2) Web攻击的防御功能。这类攻击主要包括SQL注入攻击和XSS攻击。一般来说,SQL注入攻击利用Web应用程序不对输入数据进行检查过滤的缺陷,将恶意的SQL语句注入后台数据库,从而窃取或篡改数据,控制服务器。XSS攻击指恶意攻击者向Web页面中插入恶意代码,当受害者浏览该Web页面时,嵌入其中的代码会被受害者的Web客户端执行,达到恶意攻击的目的。另外,WAF产品还应该具备对应用层DoS攻击的防御能力。

(3) Web恶意代码的防御功能。攻击者在成功入侵网站后,常常将木马后门文件放置在Web服务器的站点目录中,与正常的页面文件混在一起,这就要求WAF产品能准确识别和防御恶意代码。另外,WAF产品还要有对网页挂马的防御功能。一般这类攻击的主要目的是让用户将木马下载到本地,并进一步执行,从而使用户计算机遭到攻击和控制,最终目的是盗取用户的敏感信息,如各类账号、密码。因此,网页挂马防御功能也是WAF产品需要具备的基础功能。

(4) Web应用交付能力。应用交付是指借助WAF产品对网络进行优化,确保业务应用能够快速、安全、可靠地交付给用户的内部员工和外部服务群。通常情况下,多服务器负载均衡是WAF产品常见的应用交付形态。

(5) Web应用合规功能。应用合规是指客户端或者Web服务器各类行为符合用户设置的规定要求。例如,基于URL的应用层访问控制和HTTP请求的合规性检查都属于Web应用合规所强调的功能。WAF产品的应用合规已经成为客户十分重视的基础功能。

2. WAF的部署

通常情况下,WAF应部署在企业对外提供网站服务的DMZ或者放在数据中心服务区域,也可以与防火墙或IPS等网关设备串联。总之,WAF部署位置是由Web服务器的位置决定的,因为Web服务器是WAF所保护的对象,部署时要使WAF尽量靠近Web服务器。其部署模式一般分为串联防护部署模式和旁路防护部署模式。串联防护部署模式的典型拓扑如图 3-3 所示。

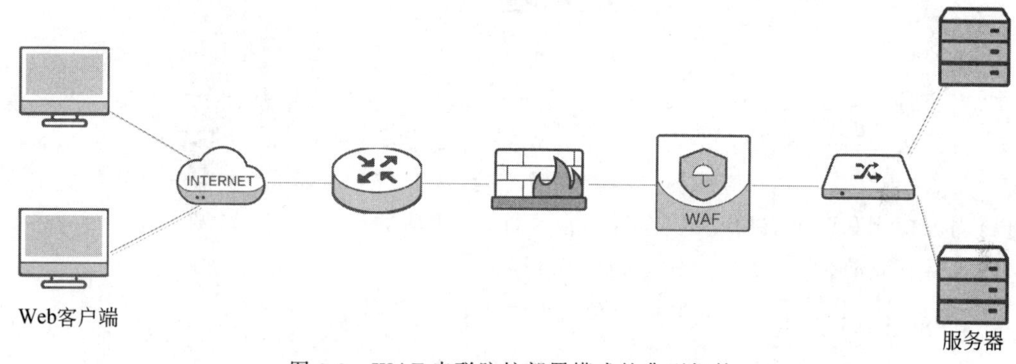

图 3-3 WAF 串联防护部署模式的典型拓扑

3.6 无线安全防御系统

无线安全防御系统实质上是无线网络层次上的入侵防御系统。无线安全防御系统的工作基础是数据捕获能力与协议分析能力,其目标是精准识别攻击行为并快速对威胁进行响应,不间断地对无线网络进行监测并阻断无线攻击,保护企业无线网络边界安全。

1. 无线安全防御系统的功能

无线安全防御系统的功能主要是无线热点阻断和无线攻击检测。

1)无线热点阻断

WiFi 热点是无线网络中转发数据的重要设备,一旦企业热点被劫持,或者热点本身就是作为攻击手段而被建立的,即企业内部出现恶意热点,将会对企业信息系统造成严重的威胁。对于恶意热点的防范而言,有效而精准的无线热点阻断方式作为抑制攻击的防御手段在无线安全防御系统中是不可或缺的。

2)无线攻击检测

保证无线网络安全的关键任务是持续关注企业当前无线网络的安全状况。无线安全防御系统通过部署在企业内部的无线数据收发引擎装置,持续捕获当前无线环境中所有的数据流量,并将数据流量实时传输到中控服务器进行安全性分析,从而能够针对无线网络数据链路层的无线网络攻击行为进行精准识别。一旦发现恶意行为,立即通知收发引擎采取相应措施,将威胁抑制在攻击发生之前,达到实时监测的目的。同时,针对建立钓鱼热点进行钓鱼攻击等恶意行为,无线威胁感知引擎也需要通过热点安全策略关联性分析技术进行有效识别,及时发现潜伏在无线网络中的各种威胁。

2. 无线安全防御系统的部署

无线安全防御系统一般包括中控服务器、收发引擎和 Web 管理平台 3 个组成部分,收发引擎和中控服务器需要分别独立部署在企业内部网络环境中,管理员通过使用管理终端,可对企业内部无线网络中的所有热点和终端进行监测。

3.7 源代码安全检测系统

源代码安全检测系统用来验证和解决企业软件开发和测试过程中出现的代码安全问题。源代码安全检测系统面向组织源代码安全需求，能够在不改变组织现有开发流程的前提下，与源代码管理系统（如 SVN、Git 等）、IDE 开发工具（如 Visual Studio、Eclipse 等）无缝对接，将源代码安全检测融入企业开发流程，帮助企业以最小代价建立代码安全检测能力，构筑信息系统的内建安全。

1. 源代码安全现状

1）源代码安全检测的重要性

软件代码是构建企业信息系统的基础组件，软件代码中安全漏洞和未声明功能（后门）的存在是安全事件频繁发生的主要根源。忽视软件代码自身的安全性，仅仅依靠交付后的防护和修补等方法，是舍本逐末，必然事倍功半。只有在交付前通过各种管理和技术手段保障软件代码自身的安全性，并在交付后再辅以适当的安全防护手段，才是信息系统安全问题的有效解决之道。

软件开发通常会引入缺陷。缺陷密度通常以每千行源代码缺陷数量（defects per KLOC）来表示。普通软件工程师的缺陷密度一般为 50～250。由于有严格的软件开发质量管理机制和多重测试环节，成熟的软件公司的缺陷密度要低得多，为 4～40；高水平的软件公司的缺陷密度为 2～4；而美国 NASA 的软件缺陷密度可低至 0.1。根据国内专业安全公司的源代码缺陷检测实践统计，国产软件平均的缺陷密度为 6，其中约 1%的缺陷为高可利用的安全漏洞，由此可见国内源代码安全形势的严峻性。

2）国外和国内源代码安全检测现状

美国等西方发达国家非常重视软件代码安全保障，从政府部门到企业界都在积极推进。美国国土安全部提出了软件内建安全的概念，将安全作为软件的基础属性，并资助了一系列软件代码安全保障的研究项目，如 SAMATE、开源代码安全测试计划等。企业界则以微软公司为代表，提出了软件安全开发生命周期的理念，强调软件整个生命周期各个环节的安全保障，这一理念也已被众多大型企业所接受。

目前国内市场上的源代码安全检测产品基本上都是国外厂商开发生产的，这些产品的相关实现原理极少对外公开，因此其自主可控性大打折扣。软件源代码是企业的核心资产和重要知识产权，源代码安全检测产品的应用是否会引入其他的安全风险，是一个需要引起企业信息安全管理者注意的问题。

2. 源代码安全检测系统的功能

源代码安全检测系统的功能主要是源代码缺陷检测、源代码缺陷定位和审计以及检测结果可视化。

1）源代码缺陷检测

源代码安全检测系统支持对各种主流开发语言的软件源代码进行缺陷检测，一般包括 C/C++、Objective-C、C#、Java、Java（Android）、PHP、JSP、XML、HTML、ASPX、

JavaScript、SQL、Swift、Python、COBOL、Go 等主流开发语言。源代码安全检测系统可检测常见的缺陷种类，其检测内容主要包括缓冲区溢出、SQL 注入、跨站脚本、代码质量、危险函数等。源代码安全检测系统一般兼容 CWE（Common Weakness Enumeration，常见缺陷列表）、OWASP TOP 10、CWE/SANS TOP 25 等国际权威检测工具。

2）源代码缺陷定位和审计

源代码安全检测系统可以检测和发现源代码中的安全问题，定位到具体的代码行，并为每一个发现的问题提供详细的信息提示和修复建议，帮助开发人员更好地理解并更有效地修复问题。对于检测结果也可以通过人工审计进行二次干预，对威胁等级和标注进行调整，在下一次检测时，可以将本次人工审计的结果携带至下一轮检测任务中，能够有效提高源代码缺陷检测的准确性，降低误报率。

3）检测结果可视化

源代码安全检测系统的检测报告根据用户角色分为管理人员报告与开发人员报告。管理人员报告主要包含缺陷等级及缺陷类型等基本统计信息，开发人员报告包括基本统计信息和缺陷详细信息。

检测报告内容可根据需求对问题等级、问题类型、修复建议、跟踪路径、审计日志进行定制，提供包括 Word、Excel、PDF 等多种格式的检测报告。

3. 源代码安全检测系统的部署

源代码安全检测系统一般采用私有化硬件部署的方式，专用硬件包括源代码安全缺陷分析系统及检测引擎等相关模块。源代码安全检测系统可以嵌入到企业的软件开发工作流中，从代码库中获取代码，检测结束后，会将检测结果同步到缺陷管理平台中。源代码安全检测系统一般采用旁路部署模式，其典型拓扑如图 3-4 所示。

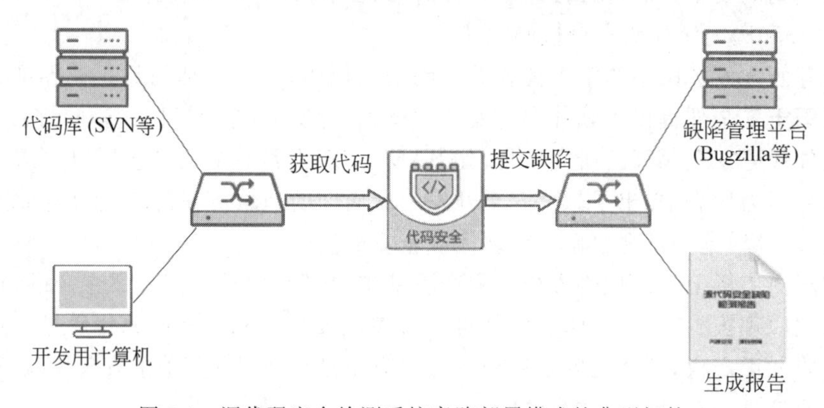

图 3-4　源代码安全检测系统旁路部署模式的典型拓扑

3.8 终端安全管理系统

终端安全管理系统广义上包括企业版杀毒软件、桌面管理软件、补丁管理软件等。现在主流的终端安全管理系统一般是集防病毒与终端安全管控于一体的综合系统。终端安全管理系统能够精确检测已知病毒/木马和未知恶意代码，有效防御 APT 攻击，并提供补丁管理、终端资产管理、终端安全运维、移动存储介质管理、终端准入、终端安全审计等诸多功能。

1. 终端安全管理系统的功能

1）病毒/木马检测

终端安全管理系统支持对蠕虫病毒、恶意软件、广告软件、勒索软件、引导区病毒、BIOS 病毒的查杀，这依赖于各种杀毒引擎的协同工作。主流的杀毒引擎技术包括云查杀引擎、人工智能杀毒引擎等。终端安全管理系统的主动防御功能可以防御未知病毒和未知威胁。主动防御是基于程序行为自主分析判断的实时防护技术，不以病毒的特征码作为判断病毒的依据，而是从最原始的病毒定义出发，直接将程序的行为作为判断病毒的依据，在实现机制上可以对文件访问、进程创建、注册表读写、网络 IP 请求、设备加载完成主动防御拦截。

2）补丁管理

在企业的数据中心和办公网络中存在着不同类型、不同版本的操作系统，这些操作系统都需要由管理员进行全面的补丁管理，管理员往往需要甄别不同的操作系统并根据各个系统的不同情况有选择地下发系统补丁。服务器系统尤为复杂，需要管理员对补丁与服务器应用进行兼容性测试后才能对相应的服务器进行补丁升级操作。终端安全管理系统可以对全网计算机进行漏洞扫描，把计算机与漏洞进行多维关联，可以根据终端或漏洞进行分组管理，并且能够根据不同的计算机分组与操作系统类型将补丁错峰下发，在保障企业网络带宽的前提下，可以有效提升企业整体漏洞防护等级。

3）终端资产管理

终端安全管理系统具有强大的终端资产管理功能，管理员可以通过定义网络 IP 段进行分组，周期性地发现（采用多协议、多机制方式）与统计指定的网络分组中的终端数量及类型。通过该功能，管理员可以快速了解全网终端数量和终端安全管理系统终端的安装量，为企业终端安全管理运维提供有效的参考。另外，该系统对单台终端具有全面的安全运维管理功能，包含终端的硬件资产管理、软件资产管理、系统服务管理、进程管理、账号管理、网络管理、系统事件管理、补丁管理、终端安全威胁统计等功能。

4）终端安全运维

终端安全运维也称桌面管理运维，包含对终端的流量监控、非法外联、应用程序安全、网络安全、外设、桌面安全加固等功能。通过创建不同的规则或者规则组合来判断终端所处环境，可以根据终端所处不同的环境执行不同的策略。例如，可以根据终端所在场所（合规场所、违规场所、无线场所）进行管理与配置，通过规则中的 IP 地址、域名、DNS 等综合判断终端所在场所。对处于不同场所的终端执行不同的管理策略。

5）移动存储介质管理

终端安全管理系统能够实现对移动存储介质的灵活管控，保证终端与移动存储介质进行数据交换和共享过程中的信息安全要求。移动存储介质管理包括移动存储介质的身份注册、网内终端授权管理、移动存储介质挂失管理、外出管理和终端设备例外等功能。

移动存储介质管理解决了用户在安全管控要求下使用移动存储介质实现数据共享和数据交换的迫切需求。移动存储介质管理支持分组管理,给予不同的移动存储介质相应的授权使用范围和读写权限,同时支持设备状态的追踪与管理。

6）终端准入

终端安全管理系统的终端准入组件主要为企事业单位解决入网安全合规性要求,实现用户和设备的网络实名制认证管理、网络边界安全防护管理、核心业务访问准入等功能。终端准入用于防止企业网络资源遭受设备接入所引起的各种威胁,在有效管理用户接入网络行为的同时,也可达到规范化地管理计算机终端的目的。

7）终端安全审计

随着信息安全技术和理念的发展,安全监控的关注点已经从设备本身转向设备使用者的行为,企业对于设备使用者的行为审计和行为控制的需求越来越强烈。终端安全管理系统通过技术手段使各种管理条例落地,增强用户的安全和保密意识,保护内部的信息不外泄。终端审计的内容只是与内网安全合规管理相关的信息,不涉及终端用户的个人隐私信息,可以达到合规管理的审计要求。目前可进行审计的内容包括软件使用日志、外设使用日志、开关机日志、系统账号日志、文件操作日志、文件打印日志、邮件记录日志和安全 U 盘审计。

2. 终端安全管理系统的部署

终端安全管理系统典型的部署方案是：在网络内部部署终端安全管理系统控制中心和终端,终端安全管理系统终端通过控制中心连接到升级服务器进行升级、更新等,控制中心具有缓存功能,同样的数据文件只会下载一次,可以极大地节省企业总出口带宽资源。终端安全管理系统终端根据控制中心制定的安全策略进行体检、杀毒和修复漏洞等安全操作。进行杀毒扫描时,终端安全管理系统终端可以直接连接云查杀系统进行云查杀。

终端安全管理系统部署的典型拓扑如图 3-5 所示。

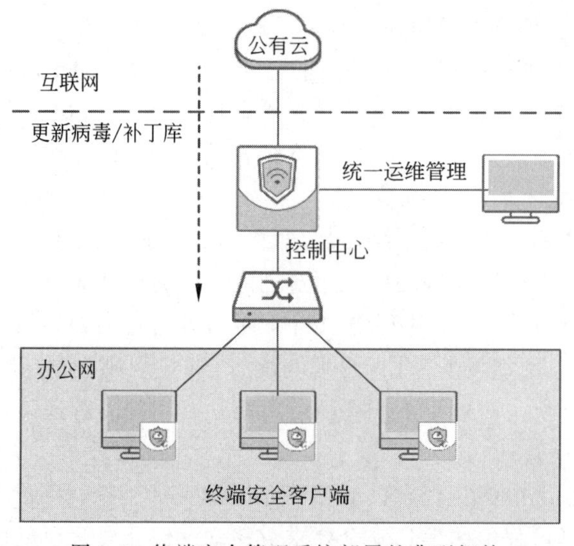

图 3-5　终端安全管理系统部署的典型拓扑

3.9 移动安全防御系统

移动安全防御系统主要应用于企业移动办公的安全防护，能够在移动设备上建立一个安全的办公区，实现个人应用与企业应用的公私隔离。通过移动安全防御系统可以实时了解各移动终端运行和使用情况，提供远程擦除、设备锁定、地理定位等功能，同时还可以制定并下发多种安全策略，实现终端设备安全可控的目标。

1. 移动安全防御系统的功能

移动安全防御系统的功能主要包括多层级纵深防御、终端准入和违规检查、数据公私隔离以及应用木马查杀。

1）多层级纵深攻防

移动安全防御系统提供从底层硬件支撑到上层应用操作的多层级纵深防护，可实现数据加密存储、数据访问控制、远程强指令管控、专用网络加密并搭建具有高可用性的终端管理平台，兼具广度和深度地保护企业信息系统的高价值敏感数据资产。

2）终端准入和违规检查

移动安全防御系统可对移动终端进行准入控制，只有满足准入标准并通过了安全性检查的终端才被准许接入网络，杜绝设备在接入的同时引入安全风险。同时，对已接入网络的移动终端进行违规检查，对违规终端在第一时间实行处罚，阻断其对网络和数据的风险访问，有效确保企业信息系统的安全性。

3）数据公私隔离

移动安全防御系统采用动态沙箱技术在移动终端上建立独立工作区，将企业的敏感数据加密存储在工作之中，并将工作区与个人区隔离，能使用户自主切换工作区和个人区，预置完备的移动办公套件，对违规终端下发数据擦除指令，避免企业数据泄露。

4）应用木马查杀

移动安全防御系统能对移动终端上已安装的应用软件和安装包进行全面扫描，精准查杀病毒/木马，并实时监控正在安装的应用软件，全面保证移动终端运行环境的安全，避免恶意应用给企业资产和数据信息带来的严重危害。

2. 移动安全防御系统的部署

移动安全防御系统一般由移动端 APP 和服务器端控制台构成。控制台以企业私有云或公有云的形式，采用旁路部署模式部署到企业内网的通用服务器或主机上；APP 则需在移动终端上建立一个安全的工作区，使工作区内的应用和数据受到保护，使用户能在工作区和个人区之间自主切换。

3.10 漏洞扫描系统

漏洞扫描主要是基于特征匹配原理，将待测设备和系统的反应与漏洞库进行比较，若满足匹配条件，则认为目标系统存在安全漏洞。进行漏洞扫描时，首先探测目标系统的存活主机，对存活主机进行端口扫描，确定目标系统开放的端口，同时根据协议指纹技术识别主机的操作系统类型；其次，根据目标操作系统类型、系统运行的平台和提供的网络服务，按漏洞库中已知的各种漏洞类型发送对应的探测数据包，对它们进行逐一检测；而后，通过对探测响应数据包的分析，判断目标系统是否存在漏洞。若探测响应数据包符合对应漏洞的特征，则表示目标系统存在该漏洞。所以，漏洞库的定义精确与否直接影响着最后的扫描结果以及漏洞扫描的性能。

1. 漏洞扫描系统的功能

漏洞扫描系统是按照漏洞扫描原理设计的，能够自动检测本地或远程的设备和系统安全脆弱性(即漏洞)的程序。它主要有如下两个功能：

(1) 外部扫描。漏洞扫描系统可以获得主机的各种端口的分配、提供的服务、服务软件版本以及这些服务和软件呈现在网络上的安全漏洞。之所以将其称为漏洞扫描系统的外部扫描，原因在于它是在实际的网络环境下通过网络对系统管理员所维护的主机进行外部特征扫描。

(2) 内部扫描。漏洞扫描系统还能从主机系统内部检测系统配置的缺陷，模拟系统管理员进行系统内部审核的全过程，发现能够被黑客利用的种种错误配置。之所以称之为漏洞扫描系统的内部扫描，因为它是以系统管理员的身份对目标系统中的主机进行内部特征扫描。

实际上，能够从主机内部监测系统配置的缺陷，是系统管理员的漏洞扫描系统与攻击者拥有的漏洞扫描工具在技术上的最大区别，攻击者在扫描目标主机阶段(即入侵准备阶段)无法进行目标主机内部检测。

2. 漏洞扫描系统的应用场景

漏洞扫描系统主要有以下 3 个应用场景。

1) 业务上线前的安全扫描

随着企业的发展和壮大，企业内部的业务线也会随之变多，单纯依靠人工检测漏洞不具有可行性。因此，需要引入漏洞扫描系统，它能够在业务上线和发布前对其进行自动化扫描和检测，从而可以让烦琐的安全检测工作通过漏洞扫描系统自动完成。这样不仅可以减少人的工作量，同时还可以极大地缩短检测时间，保障业务顺利、及时地上线和发布。

2) 业务运行中的安全监控

安全其实是一个动态过程，因此对业务持续地进行安全监控也是必不可少的。企业可以通过漏洞扫描系统对业务中的日志或流量进行实时扫描、分析及监控，还可以与企业内部的防火墙或 WAF 进行协同联动，从而可以实现业务运行中的安全阻断，保障业务运行的安全。

3) 业务运行中的安全预警

互联网中许多开源组件会被研究人员爆出 0Day 漏洞，在这个时候，企业就可以通过漏洞扫描系统对所有暴露在公网上的资产进行开源组件的探测识别和漏洞验证，这样就可以快速定位到风险资产和目标，并能够对相应的漏洞进行修复和升级，从而有效地降低 0Day 漏洞给企业带来的安全风险。

3. 漏洞扫描系统的部署

漏洞扫描系统一般采用旁路部署的方式。在旁路部署的方式下,漏洞扫描系统可以通过内网对操作系统、数据库、网络设备、防火墙等产品进行漏洞扫描,还可以通过无线网关(WiFi)对移动端设备的操作系统进行漏洞扫描。另外,在设置了 DNS 服务器的情况下,漏洞扫描系统还可以对外网的相关网站进行 Web 漏洞扫描。

3.11 日志审计系统

日志审计系统是一个统一的日志监控与审计的平台,能够实时、不间断地将企业和组织中来自不同厂商的安全设备、网络设备、主机、操作系统、数据库系统、用户业务系统的日志、警报等信息汇集到审计中心,进行集中化采集、存储、查询、分析、告警、响应,并生成丰富的报表或报告,实现对用户环境日志的合规性审计。

日志审计系统是一个全面的、智能的网络日志和事件管理、分析工具,可以提供丰富的日志和事件管理、分析功能。它主要包含两大部分:管理服务器和管理客户端,其基本结构如图 3-6 所示。

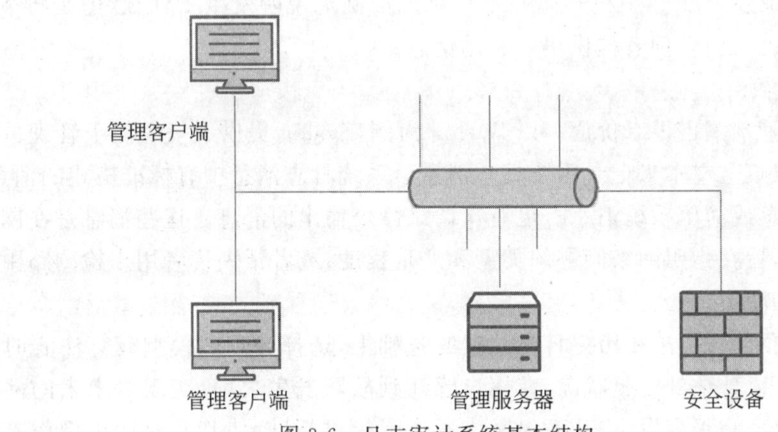

图 3-6　日志审计系统基本结构

管理服务器能够通过多种方式全面采集网络中各种设备、应用和系统的日志信息,能够支持大部分主流的设备、系统品牌和型号,可灵活扩展;通过归一化和智能日志关联分析引擎,协助用户准确、快速地识别安全事故,对企业和组织的 IT 资源中构成业务信息系统的各种网络设备、安全设备、安全系统、主机操作系统、数据库以及各种应用系统的日志、事件、告警等安全信息进行全面的审计,帮助企业及时作出响应。管理客户端与管理服务器配合运行,为客户提供本地服务,可以为用户提供一个从总体上把握企业整体安全情况的界面,也可以称为仪表板。通过客户端界面,用户可以从不同的角度了解系统中的实时信息,通过各种统计图表(图形化显示)来获知当前的安全状况,并可以从横向或者以面向业务的模式进行对比分析;用户还可以通过客户端对资产进行管理,方便地进行设备的增加、修改、删除和查询,并可以对设备当前的日志、事件进行实时的等级统计。

1. 日志审计系统功能

日志审计系统可以告诉用户很多关于网络中所发生事件的信息，主要包含以下功能：资源管理、入侵检测、故障预测、取证和审计。

1）资源管理

日志审计系统可以按照设备资产的重要程度和管理域的方式组织设备资产，提供便捷的添加、修改、删除、查询与统计功能，支持资产信息的批量导入和导出，便于安全管理和系统管理人员方便地查找所需设备资产的信息，并对资产进行关键度赋值。例如，监控一台主机是否在线的典型方法之一是使用互联网控制报文协议（Internet Control Message Protcol，ICMP）来 ping 主机。但是，这里给出的信息不够准确，成功 ping 通一个主机只能说明它的网络接口配置没有问题。但有时一台主机可能已经崩溃，而此时只要它已经配置好并且有电，接口就能响应。

2）入侵检测

主机日志不同于网络入侵侦测系统（Network Intrusion Detection System，NIDS），对入侵检测非常有用。NIDS 不能揭示攻击是否成功，只能告诉管理者可能有人试图攻击，真正的攻击信息被记录在主机上。即 NIDS 提示用户及时查看日志，但是仅靠 NIDS 无法提供完整状况。虽然主机日志并不总是能准确地说明发生了什么，但是将 NIDS 和日志结合起来就会向管理者提供很多有用信息。

3）故障预测

日志对故障预测也很有价值。以 Syslog 为例，Syslog 提供了一个便于管理员理解日志的机制，即以英文文本来记录系统日志消息。系统日志消息中有标准格式的消息（也称为系统错误消息或简单系统消息），也有从调试命令输出的消息。这些消息是在网络运行过程中生成的，旨在指明网络问题的类型和严重程度，或者帮助读者用户检测路由器的活动，例如配置的变更。

网络故障预测就是指在历史日志数据的基础上，选择合理的模型或算法实时监控网络的实时状态，以评估其健康状况，在用户感知到故障发生之前，实现对未来的网络故障的预测，判定故障是否会发生，从而为网络操作者提供帮助，使其及时运用操作策略对网络的健康进行维护。网络故障预测的基本步骤如图 3-7 所示。

4）取证

取证是在事件发生后重建“发生了什么”情景的过程。这种描述往往基于不完整的信息，而信息可信度是至关重要的。日志是取证过程中不可或缺的组成部分。日志一经记录，就不会因为系统的正常使用而被修改，这意味着这是一种永久性的记录。因此，日志可以为系统中其他可能更容易被更改或破坏的数据提供准确的补充。每条日志中通常都有时间戳，用于提供每个事件的时间顺序。而且，日志通常会被及时发送到另一台主机（通常是一个集中日志收集器），这也提供了独立于原始来源的一个证据来源。如果原始来源上信息的准确性遭到质疑（例如入侵者可能篡改或者删除了日志），独立的信息源可能被认为是更可靠的附加来源。同样，不同来源甚至不同站点的日志可以佐证其他证据，提高每个来源的准确性。日志有助于加强收集到的其他证据。重现事件往往不是基于一

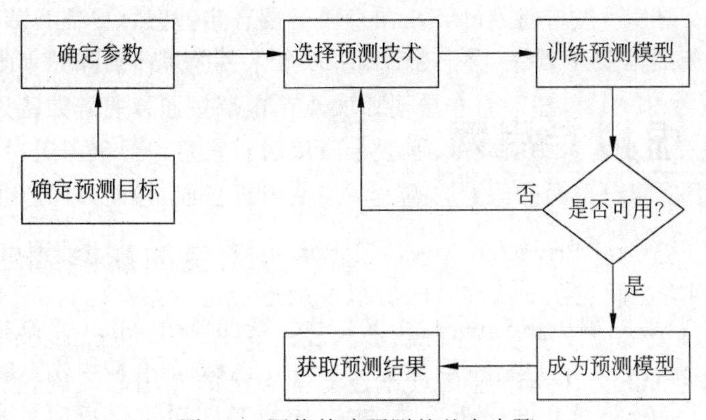

图3-7　网络故障预测的基本步骤

部分信息或者单个信息源，而是基于来自各种信息源的数据，包括文件和各子系统上的时间戳、用户的命令历史记录、网络数据和日志。

5）审计

审计是验证系统或者过程是否如预期那样运行的活动。日志是审计过程的一部分，有助于形成审计跟踪。例如，如果有人声称他们从来没有接收一个特定的邮件，邮件日志可以用于核实并显示邮件到底有没有发送，就像邮件投递员签收的单据一样。审计往往是为了政策或者监管依从性而进行的。例如，公司往往需要进行财务审计，以确保财务报表和账簿相符，且所有数字都合情合理。《萨班斯-奥克斯利法案》(*Sarbans-Oxley Act*)和《健康保险便利性和责任法案》(*Health Insurance Portability and Accountability Act*，HIPAA)等美国法规都要求某种交易日志以及可以用来验证用户对金融和患者数据访问的审计跟踪。另一个例子是《支付卡行业数据安全标准》(*Payment Card Industry Data Security Standard*，PCI DSS)，它的强制要求包括记录信用卡交易日志和持卡人的数据访问日志。日志也可以被用于验证对于技术策略(如安全策略)的依从性。例如，如果制定了在网络中允许使用哪些服务的策略，可以采用对各种日志的审计来验证是否只有这些服务在运行。

2. 日志旁路部署

旁路部署模式通过将物理接口绑定到旁路模式功能域的方式实现。绑定后，该物理接口就成为旁路接口，此时，日志审计设备对从旁路接口收到的流量进行统计、扫描或者记录，即可实现旁路模式。通常情况下，日志审计设备在网络部署上采用串联模式，以直路的方式对网络流量进行分析、控制以及转发。但是，如果仅需要使用部分功能，例如IPS、防病毒、监控及网络行为控制等，防火墙应用负载网关既可以工作在直路模式下，也可以工作在旁路模式下。日志审计设备工作在旁路模式下时，仅对流量进行统计、扫描或者记录，并不对流量进行转发，同时，网络流量也不会受到日志审计设备本身故障的影响，所以，对于仅有审计需求的情况，使用旁路模式将会更加有效、合理。旁路部署相对于其他部署方式具有以下优点：

(1) 不需改变原来的网络结构也能分析流量，同时也能配合日志服务器进行记录分析。

(2) 日志服务器即使在运行过程中出现问题,也不会对现有网络造成任何影响。

3.12 虚拟专用网

虚拟专用网(Virtual Private Network,VPN)是构建在公共物理网络之上的逻辑网络,通过在两个网络之间建立一条临时的虚拟专用连接进行数据的可靠加密传输。随着互联网的快速发展及其应用领域的不断扩大,政府、外交、军队和跨国公司等许多部门都已经广泛地利用廉价的公用基础通信设施建立了自己的专用广域网,进行数据的安全传输。

1. VPN 的作用与优势

与传统网络相比,VPN 的出现解决了传统专用网络中的众多问题,下面从用户角度来阐述 VPN 技术的作用与优势。

(1) 安全。VPN 使用通信协议、身份认证和数据加密技术保障通信的安全,可以在远端用户、驻外机构、合作伙伴、供应商与公司总部之间建立可靠、安全的网络连接,保障数据传输的安全。这对于实现电子商务、金融、政府网络的通信十分重要。

(2) IP 地址安全。VPN 在互联网中传输数据时是加密的,互联网上的用户只能看到公有 IP 地址,而看不到数据包内包含的专用 IP 地址。

(3) 廉价。VPN 利用公共网络进行数据信息的通信,企业可以以更低的成本链接远程办事机构、出差人员和业务伙伴等。

(4) 支持移动业务。支持驻外公司员工在任何时间、任何地点通过目前已非常普及的各种廉价互联网接入方式连接到远程的公司内部网络,能够满足不断增长的移动业务需求。

(5) 服务质量保证。构建具有服务质量(Quality of Service,QoS)保证的 VPN,可以为 VPN 用户提供不同等级的服务质量保证,减少网络时延和数据传输过程中的丢包率。

(6) 支持最常用的网络协议。以太网、TCP/IP 和 IPX 网络上的客户端可以很容易地使用 VPN;不仅如此,任何支持远程访问的网络协议在 VPN 中也同样有效。这意味着可以远程运行依赖于特殊网络协议的程序,因此可以减少 VPN 连接的维护费用。

(7) 完全控制主动权。企业可以利用 ISP 的设施和服务,同时又完全掌握对自己的网络的控制权。例如,企业可以把拨号访问交给 ISP 去实现,而自己负责用户身份、访问权、网络地址、安全性和网络变化管理等重要工作。

2. VPN 的特征

VPN 技术具有以下两个特征:

(1) 专用。VPN 与底层承载网络之间保持资源独立,在正常传输的情况下,VPN 资源不会被网络中其他 VPN 用户或者非 VPN 用户所使用,同时,VPN 会为传输的数据提供安全保障。

(2) 虚拟。VPN 用户与企业内部网络的通信是通过在公共的基础网络——VPN 骨干网上建立逻辑连接而不是实际上的物理网络进行的，这个公共的基础网络同时也被其他的非VPN用户使用，但这并不影响在逻辑上独立的VPN。

3. VPN接入方式

对于众多不同系统、不同终端设备，如何提供统一的安全、快速的远程接入服务，是移动办公最主要的问题之一，VPN技术主要有拨号VPN、IPSec VPN和SSL VPN 3种接入方式。下面仅介绍SSL VPN。

安全套接层(Secure Socket Layer，SSL)协议是目前广泛应用于浏览器与服务器之间身份认证和加密数据传输的协议，SSL协议采用对称加密技术对传输的数据进行加密，采用非对称加密技术进行身份认证和交换对称加密密钥。

SSL VPN与拨号VPN、IPSec VPN最重要的区别是：SSL VPN是一种应用层的VPN远程连接方式，而后两种是网络层的VPN远程连接方式。

采用SSL VPN技术时，远程客户利用浏览器内建的SSL封包处理功能，通过浏览器连接企业的SSL VPN网关，然后通过网络封包转向的方式让用户可以在远程计算机执行应用程序，读取企业内部服务器数据。它采用标准的安全套接层对传输中的数据包进行加密，从而在应用层保护数据的安全性。

SSL VPN相较于IPSec VPN更受到企业青睐的原因主要有以下几点：

(1) 它更适合在远程办公用户、移动员工用户与企业内网服务器之间建立VPN。

(2) 配置简单。SSL协议被内置于IE和360安全浏览器等浏览器之中，使用SSL协议进行认证和数据加密的SSL VPN无须安装客户端，用户可以轻松实现安全易用、配置简单的远程访问。

(3) 细分控制。SSL VPN是基于应用层的远程连接方式，有丰富的业务控制功能，在对应用的细分控制上有独到之处，如行为审计可以记录每名用户的所有操作，为更好地管理VPN提供了有效统计数据，从而降低企业的总成本并提高远程用户的工作效率，容易针对用户、资源、服务、文件等应用进行更细化的访问权限划分。

(4) 认证多样。支持多种认证方式，包括本地认证、邮箱认证、LDAP认证、AD域认证、短信认证等，满足用户对多种认证方式的需求。

VPN的作用是隔离外部网络和内部网络，不同的部署方式有着不同的作用。当前主要采用的VPN部署模式有直路部署、旁路部署、双机部署和多ISP部署4种。直路部署模式将安全接入网关设备(VPN设备)以串联方式连入网络中，成为内外网通信的唯一路径，所有内外网通信都需要通过VPN设备；旁路部署模式将VPN安全接入平台设备与内外网络的接口连接在一个交换机上，它的接入无须修改现有的网络拓扑，可根据需求灵活接入；双机部署有主机-备机和主机-主机两种模式，主机-备机模式(AP)是指当主机出现故障宕机后，备机切换成主机提供服务，保证网络连通性，主机-主机模式(AA)是指两台设备都在线工作，当其中一台设备宕机后，由另一台处理所有请求；多ISP部署则是指VPN结合企业网络的具体情况，提供多个外网接口，可分别配置不同运营商提供的IP地址。

旁路部署的SSL VPN的典型拓扑结构如图3-8所示。

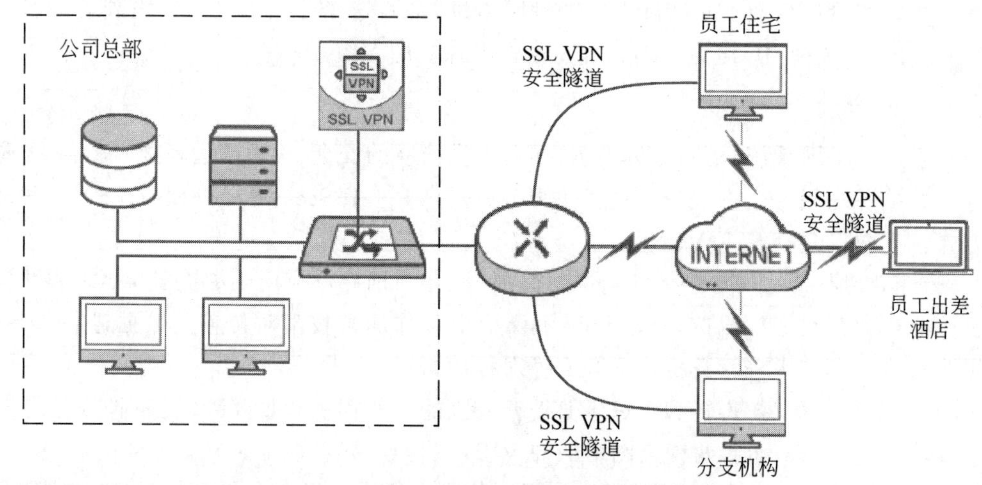

图 3-8 旁路部署 SSL VPN 的典型拓扑结构

3.13 思考题

1. 简述网络安全设备的主要特征。

2. 简述一般的网络安全产品采购流程。

3. 企业信息系统主要可分为接入区、核心交换区、业务应用区和安全管理区，各区应部署哪些安全设备？

4. VPN 的英文全称是什么？简述 VPN 的定义和特征。

5. SSL VPN 的典型拓扑结构是怎样的？

6. 简述防火墙的作用和性能指标。

7. 简述上网行为管理设备的基本功能。

8. WAF 的英文全称是什么？简述 WAF 产品通常具有的 5 个功能。

9. IPS 和 IDS 的定义是什么？它们有什么区别？

10. 终端安全管理系统一般包括哪些功能模块？

11. 漏洞扫描的基本原理是什么？

12. 简述日志审计系统主要的功能。

第4章 态势感知

在网络空间中，攻防双方的博弈实质上是信息获取能力的对抗，只有获知更多、更全面的网络空间信息、态势，才能更有效地实施网络安全对抗策略，才能在网络空间安全对抗中拥有信息优势而取得胜利。网络安全态势感知技术能够综合各方面的安全因素，从整体上动态反映网络安全状况，并对安全状况的发展趋势进行预测和预警，为增强网络安全性提供可靠的依据。本章将对态势感知进行详细的介绍，首先分析态势感知的概念与模型，然后对态势感知的关键技术进行分析。

4.1 网络安全态势感知

4.1.1 态势感知概述

网络安全态势感知对影响网络安全的诸多要素进行获取、理解、评估并预测未来的安全状况发展趋势，目前它已成为下一代安全技术的焦点。网络安全态势感知是对网络安全性进行定量分析的一种手段，是对网络安全性的精细度量。

最早的态势感知的定义是由 Endsley 于 1988 年提出的，态势感知(Situation Awareness，SA)是指“在一定的时空范围内，感知、理解环境因素，并且对未来的发展趋势进行预测”，该定义的概念模型如图 4-1 所示。但是传统的态势感知的概念主要应用于对航空领域人为因素的考虑，在军事战场、核反应控制、空中交通监管、医疗应急调度以及通信等领域被广泛地研究，并没有引入到网络安全领域。

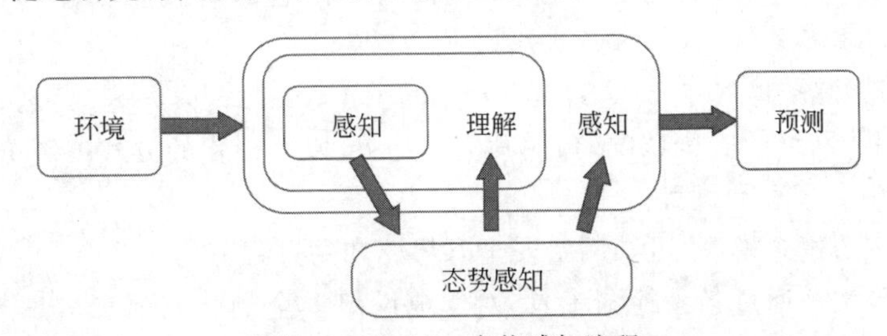

图 4-1 Endsley 态势感知流程

Endsley 把态势感知分成感知、理解和预测 3 个层次的信息处理：

(1) 感知(perception)。感知和获取环境中的重要线索或元素。

(2) 理解(comprehension)。整合感知到的数据和信息，分析其相关性。

（3）预测（projection）。基于对环境信息的感知和理解，预测相关知识未来的发展趋势。

1999年，Bass等指出："下一代网络入侵检测系统应该融合从大量的异构分布式网络传感器采集的数据，实现网络空间的态势感知（cyberspace situation awareness）"。虽然网络态势根据不同的应用领域可分为安全态势、拓扑态势和传输态势等，但目前关于网络态势的研究都是围绕网络的安全态势展开的。

网络安全态势感知对保障信息系统的安全起着非常重要的作用，研究网络安全态势感知技术具有下列意义：

（1）态势感知的数据来源丰富，几乎囊括所有影响网络安全性的安全要素，包括网络的结构信息、系统提供的服务信息、系统存在的脆弱性、主机的恶意代码信息和网络的各种入侵信息等，比只考虑单一安全要素更全面。

（2）态势感知过程规范，它包括态势理解、态势评估和态势预测，它不是将网络要素进行简单的汇总和叠加，而是以一系列具有理论支持的模型为基础，找出安全要素之间的内在关系，根据不同的用户需求，实时分析网络的安全状况。

（3）态势感知结果丰富实用。态势感知从多层次、多角度、多粒度分析网络的安全状况，包括网络的威胁评估、脆弱性评估、安全事件评估和整体安全状况的评估，并以统计图表和报表的形式展现给用户，同时提供相应的加固方案，以指导网络管理员提高网络的安全性。

（4）态势感知能对网络安全状况的发展趋势进行预测，有预见性地指导网络管理员及时采取措施，预防重大安全事件的发生。

（5）态势感知适用范围广，适用性强，能够对各个行业和各种规模的网络进行分析。

4.1.2 态势感知的概念模型

网络安全态势感知概念模型是开展网络安全态势感知研究的前提和基础。通过建立概述模型，可以对信息系统组件之间以及组件与环境之间的关联关系、因果关系进行定量研究。

目前，对网络安全态势感知并没有一个统一而全面的定义。在此结合态势感知的过程和Endsley、Bass对网络安全态势感知的研究，给出它的定义及如图4-2所示的概念模型。

网络安全态势感知（Network Security Situation Awareness，NSSA）是综合分析网络的安全要素，评估网络的安全状况，预测其变化趋势，以可视化的方式展现给用户，并给出相应的应对措施和报表的过程。

根据图4-2的概念模型，可知网络安全态势感知的过程分为4步：

（1）数据采集。通过各种检测工具，对影响网络安全的所有要素信息进行采集。这一步是态势感知的前提。

（2）态势理解。对各种网络安全要素数据进行处理，分析影响网络的安全事件。这一步是态势感知的基础。

（3）态势评估。定性和定量分析网络当前的安全状态和薄弱环节，并给出相应的解决方案。这一步是态势感知的核心。

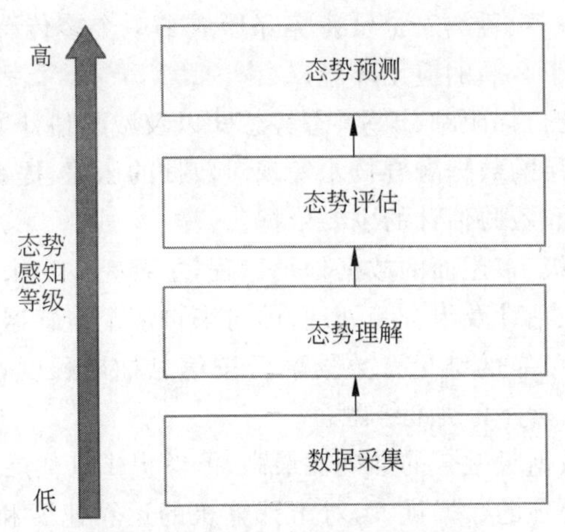

图 4-2 网络安全态势感知概念模型

(4) 态势预测。预测网络安全状况的发展趋势。这一步是态势感知的目标。

网络安全态势感知结果应兼具深度和广度，满足多种用户需求，态势感知从多层次、多角度、多粒度分析系统的安全性和提供应对措施，以统计图表和安全报表的形式展现给用户。态势感知结果主要包括资产评估、威胁评估、脆弱性评估、安全事件评估、整体安全状态评估、安全趋势预测、加固方案和报表生成 8 个部分。

① 资产评估。评估网络中每个资产的性能状况和安全状况，包括资产的性能利用率、重要性、存在的威胁和脆弱性的数量、安全状况等。

② 威胁评估。评估网络中恶意代码和网络入侵的类型、数量、分布节点和危害等级等。

③ 脆弱性评估。评估网络中漏洞和管理配置脆弱性的类型、数量、分布节点和危害等级等。

④ 安全事件评估。评估网络中安全事件的类型、数量、分布节点和危害等级等。

⑤ 整体安全状态评估。综合分析整个网络的安全状态，给出网络的安全态势值，包括整个网络的安全态势的保密性、完整性和可用性分量及其综合态势值。

⑥ 安全趋势预测。预测网络中威胁数量、脆弱性数量、安全事件数量和整体态势的发展趋势。

⑦ 加固方案。分析危害最大的威胁、脆弱性和安全事件，并给出相应的解决办法。

⑧ 报表生成。根据不同的应用需求，生成不同的安全报表。安全报表应格式规范、内容充实、针对性强。

4.2 态势感知的关键技术

4.2.1 数据融合

网络是一个存在不确定性因素的环境，有各类安全设备，提供不同格式的安全事件信息来表征系统当前的状态。各类安全设备实际形成了一个多传感器环境，为引入多传感器的数据融合技术提供了客观的应用环境。

目前，在网络安全的目标跟踪、识别、态势感知以及威胁估计方面，数据融合技术得到了相当多的应用。在底层的数据融合技术实现对数据的压缩、提炼之后，其输出结果可以作为高层次的态势感知和威胁估计的主要依据。

数据融合是一个多级、多层面的数据处理过程，主要完成对来自多个信息源的数据进行自动监测、关联、相关、估计及组合等处理，即对来自多个传感器或多源信息进行综合处理，从而得到更为准确、可靠的结论。数据融合按信息抽象程度可为 3 个从低到高的层次：数据级融合、特征级融合和决策级融合。

在这 3 个层次中，数据级融合的准确性最高，能够提供其他层次上的融合所不具备的细节信息，但因为需要处理的数据量大，对于计算机的运算速度和内存容量要求较高；决策级的融合在高层次上进行，需要处理的数据量小，但由于比较抽象和模糊，精度可能较差；特征级融合介于两者之间。

下面介绍数据融合的相关方法。

1. 基于逻辑关系的融合方法

基于逻辑关系的融合方法依据信息之间的内在逻辑对信息进行融和。警报关联是典型的基于逻辑关系的融合方法。警报关联是指基于警报信息之间的逻辑关系对其进行融合，从而获取宏观的攻击态势。警报之间的逻辑关系分为警报属性特征的相似性、预定义攻击模型中的关联性、攻击的前提和后继条件之间的相关性。有关学者已实现了通过警报关联从海量警报信息中分析网络的威胁性态势的方法。

基于逻辑关系的融合方法可以直观地反映网络的安全态势。但是该方法的局限性如下：

(1) 融合的数据源为单一来源。

(2) 逻辑关系的获取存在很大的难度，例如攻击预定义模型的建立以及攻击的前提和后继条件的形式化描述都存在很大的难度。

(3) 逻辑关系不能解释系统中存在的不确定性。

2. 基于数学模型的融合方法

基于数学模型的融合方法需综合考虑影响态势的各项态势因素，构造评定函数，建立态势因素集合 R 到态势空间 θ 的映射关系：

$$\theta=f(r_1,r_2,\cdots,r_m),\quad r_i\in R(l\leqslant i\leqslant n)$$

其中 r_i 为态势因素。

加权平均法是最常用、最简单的基于数学模型的融合方法。加权平均法的融合函数通常由态势因素和其重要性权值共同确定。例如，有学者提出了层次化网络安全威胁态势量化评估方法，对服务、主机本身的重要性因子进行加权，层次化计算服务、主机以及整个网络系统的威胁指数，进而分析网络的安全态势。

加权平均法可以直观地融合各种态势因素，但是其最主要的问题是权值的选择没有统一的标准，大都是依据领域知识或者经验而定，缺少客观的依据。

3. 基于概率统计的融合方法

基于逻辑关系的融合方法和基于数学模型的融合方法的前提是有确定的数据源，但是当前网络安全设备提供的信息在一定程度上是不完整、不精确的，甚至存在着矛盾，包含大量的不确定信息，而态势评估必须借助这些信息进行推理，因此直接基于数据源的融合方法具有一定的局限性。对于不确定信息，最好的解决办法是利用对象的统计特性和概率模型进行操作。

基于概率统计的融合方法充分利用先验知识的统计特性，结合信息的不确定性，建立态势评估的模型，然后通过模型评估网络的安全态势。贝叶斯网络、隐马尔可夫模型(Hidden Markov Model，HMM)是最常见的基于概率统计的融合方法。

在网络安全态势评估中，贝叶斯网络是一个有向无环图，用 $G=\langle V,E\rangle$，来表示。节点 V 表示不同的态势和事件，每个节点对应一个条件概率分配表；节点间利用边 E 进行连接，反映态势和事件之间的概率依赖关系。在某些节点获得证据信息后，贝叶斯网络在节点间传播和融合这些信息，从而获取新的态势信息。HMM 相当于动态的贝叶斯网络，它是一种采用双重随机过程的统计模型。在网络安全态势评估中，将网络安全状态的转移过程定义为隐含状态序列，将按照时序获取的态势因素定义为观察值序列，利用观察值序列和隐含状态序列训练 HMM，然后用 HMM 评估网络的安全态势。

基于概率统计的融合方法能够融合最新的证据信息和先验知识，而且推理过程清晰，易于理解。但是该方法存在以下局限性：

(1) 统计模型的建立需要依赖一个较大的数据源，在实际工作中会花费很大的工作量，且模型需要的存储量和匹配计算的运算量相对较大，容易造成维数爆炸的问题，影响态势评估的实时性。

(2) 特征提取、模型构建和先验知识的获取都存在一定的困难。

4. 基于规则推理的融合方法

基于规则推理的融合方法首先模糊量化多源多属性信息的不确定性，然后利用规则进行逻辑推理，实现网络安全态势的评估。目前 D-S 证据组合方法和模糊逻辑是研究热点。D-S 证据组合方法对单源数据每一种可能决策的支持程度给出度量，即数据信息作为证据对决策的支持程度；然后寻找一种证据合成规则，通过合成能得出两种证据的联合对决策的支持程度；通过反复运用合成规则，最终得到全体数据信息的联合体对某种决策总的支持程度，完成证据融合的过程。其核心是证据合成规则。

在网络安全态势评估中，首先建立证据和命题之间的逻辑关系，即态势因素到态势状态的汇聚方式，确定基本概率分配；然后根据到来的证据，即每一则事件发生的上报信息，使用证据合成规则进行证据合成，得到新的基本概率分配，并把合成后的结果提交给决策逻辑进行判断，将具有最大置信度的命题作为备选命题。当不断有事件发生时，这个过程便得以继续，直到备选命题的置信度超过一定的阈值，证据达到要求，即认为该命题成立，态势呈现某种状态。

模糊逻辑提供了一种处理人类认知不确定性的数学方法，对于模型未知或不能确定的描述系统，应用模糊集合和模糊规则进行推理，实现模糊综合判断。

在网络安全态势评估中，首先对单源数据进行局部评估，然后选取相应的模型参数，针对局部评估结果建立隶属度函数，将其划分到相应的模糊集合，实现具体值的模糊化，将结果进行量化。量化后，如果某个状态属性值超过了预先设定的阈值，则将局部评估结果作为因果推理的输入，通过模糊规则推理对态势进行分类识别，从而完成对当前态势的评估。

基于规则推理的融合方法不需要精确了解概率分布，当先验概率很难获得时，该方法更为有效。这种方法缺点是计算复杂度高，而且当证据出现冲突时，这种方法的准确性会受到严重的影响。

4.2.2 态势预测

网络安全态势的预测是指根据网络安全态势的历史信息和当前状态对网络未来一段时间的发展趋势进行预测。网络安全态势的预测是态势感知的一个基本目标。

由于网络攻击的随机性和不确定性，使得以此为基础的安全态势变化是一个复杂的非线性过程，限制了传统预测模型的使用。目前网络安全态势预测一般采用神经网络、时间序列预测法和支持向量机等方法。

神经网络是目前最常用的网络态势预测方法，该方法首先以一些输入输出数据作为训练样本，通过网络的自学习能力调整权值，构建态势预测模型；然后运用态势预测模型，实现从输入状态到输出状态空间的非线性映射。

神经网络具有自学习、自适应性和非线性处理的优点。另外，神经网络内部神经元之间复杂的连接和可变的连接权值矩阵使得模型运算中存在高度冗余，因此神经网络具有良好的容错性和稳健性。但是神经网络也存在一些问题，如难以提供可信的解释、训练时间长、过度拟合或者训练不足等。

时间序列预测法是通过时间序列的历史数据揭示态势随时间变化的规律，将这种规律延伸到未来，从而对态势的未来作出预测。在网络安全态势预测中，将根据态势评估获取的网络安全态势值 x 抽象为时间序列 t 的函数，即 $x=f(t)$，此态势值具有非线性的特点。网络安全态势值可以看作一个时间序列，假定有网络安全态势值的时间序列 $x=\{x_i \mid x_i \in R, i=1,2,\cdots,L\}$，预测过程就是通过序列的前 N 个时刻的态势值预测出后 M 个态势值。时间序列预测法在实际应用时比较方便，可操作性较好。但是，要想建立精度相当高的时序模型，不仅要求得到模型参数的最佳估计，而且模型阶数也要合适，建模过程是相当复杂的。

支持向量机是一种基于统计学习理论的模式识别方法，其基本原理是：通过一个非线性映射将输入空间向量映射到一个高维特征空间，并在此空间上进行线性回归，从而将低维特征空间的非线性回归问题转换为高维特征空间的线性回归问题。

综上所述，神经网络主要依靠经验风险最小化原则，容易导致泛化能力的下降，且模型结构难以确定。在学习样本数量有限时，学习过程误差易收敛于局部极小点，学习精度难以保证；在学习样本数量很多时，又陷入维数灾难，泛化性能不高。而时间序列预测法在处理具有非线性关系、非正态分布特性的宏观网络安全态势值所形成的时间序列数据时效果并不理想。支持向量机有效避免了上述方法所面临的问题，预测绝对误差小，保证了预测的正确率，能准确预测网络安全态势的发展趋势。

4.3　思考题

1. 态势感知的定义是什么？
2. 简述 Endsley 提出的态势感知流程。
3. 态势感知在网络安全领域的作用是什么？
4. 态势感知的概念模型是怎样的？
5. 有哪些数据融合技术？
6. 请说出 3 种态势预测的方法。

第5章 追踪溯源与取证

通过追踪溯源，可以确定攻击源或攻击所使用的中间介质以及相应的攻击路径，以此制定更有针对性的防护或反制措施，实现网络主动防御，占领网络攻防制高点，确保企业网络安全。网络攻击追踪溯源是网络攻防一体化中的关键环节，是网络攻防体系中从被动防御向主动防御有效转换的重要步骤。本章将对追踪溯源的概念、作用、流程等内容进行详细介绍。

5.1 追踪溯源

5.1.1 追踪溯源概述

随着网络和信息化应用的不断普及，随之而来的是基于网络的计算机攻击也愈演愈烈，各种新型攻击手段和0Day漏洞不断地被利用，严重威胁着社会和国家的安全，而且网络攻击者大都使用伪造的IP地址，使被攻击者很难确定攻击源的位置，从而不能实施有针对性的防护策略。这些都使得逆向追踪攻击源的追踪溯源技术成为网络主动防御体系中的重要一环，它对于最小化攻击的当前效果、威慑潜在的网络攻击都有着至关重要的作用。

1. 追踪溯源的定义

追踪溯源是指按踪迹或线索，探寻事物的根本、源头。在计算机网络中，追踪溯源特指通过网络确定网络攻击者的身份或位置以及攻击的中间介质，还原攻击路径。身份是指攻击者的名字、账号或与之有关系的类似信息；位置包括其地理位置或虚拟地址，如IP地址、MAC地址等。追踪溯源过程还能够提供其他辅助信息，例如攻击路径和攻击时序等。

追踪溯源涉及的设备包括攻击者、被攻击者、跳板、僵尸机、反射器等。攻击者(attacker host)指发起攻击的主机，也是追踪溯源希望发现的目标。被攻击者(victim host)指受到攻击的主机，也是攻击源追踪的起点。跳板(stepping stone)指已经被攻击者危及并作为其通信管道和隐藏身份的主机。僵尸机(zombie)指已经被攻击者危及并被其用于发起攻击的主机。反射器(reflector)指未被攻击者危及，但在不知情的情况下参与了攻击的主机。

网络管理者可使用追踪溯源技术定位真正的攻击源，以采取多种安全策略和手段，从源头抑制攻击，防止网络攻击带来更大破坏，并记录攻击过程，为后续的抑制或者反击提供必要的记录。

一个理想的攻击追踪溯源能够有效确定攻击者的身份或位置，但是，高能攻击者总是会采取各种各样的手段或技术隐藏自身的信息，逃避追踪。因此，实际上，网络管理者不能轻易地追踪定位攻击源头，只能够确定攻击中间介质或攻击路径上的某台主机等。但是，即使这样的结果，也能让网络管理者切断攻击链路，实施有针对性的防护措施，减少攻击损害。

2. 追踪溯源面临的挑战

由于当前的TCP/IP对IP包的源地址没有验证机制以及互联网基础设施的无状态性，使得想要追踪数据包的真实起点已经很不容易，而要查找那些通过多个跳板或反射器等实施攻击的真实源地址就更加困难。具体体现在以下几方面：

(1) 当前主要的网络通信协议(TCP/IP)中没有对传输信息进行加密认证的措施，使得各种IP地址伪造技术出现，利用攻击数据包中源IP地址无法实现追踪溯源。

(2) 互联网已从原来单纯的专业用户网络变为各行各业都可以使用的大众化网络，其结构更为复杂，使攻击者能够利用网络的复杂性逃避追踪溯源。

(3) 各种网络基础和应用软件缺乏足够的安全考虑，攻击者可以通过俘获大量主机资源，发起间接攻击并隐藏自己。

(4) 一些新技术在为用户带来好处的同时，也给追踪溯源带来了更大的障碍。虚拟专用网络采用的IP隧道技术使得安全防护系统无法获取数据报文的信息；网络服务供应商采用的地址池和地址转换技术使得网络IP地址不再固定对应特定的用户；移动通信网络技术的出现更是给追踪溯源提出了实时性的要求。这些新技术的应用都使得网络追踪溯源变得更加困难。

(5) 目前追踪溯源技术的实施还得不到法律保障。例如，在追踪溯源技术中，提取IP报文信息涉及个人隐私。这些问题不是只靠技术手段所能解决的。

3. 追踪溯源的分类

按照追踪溯源的时间，可以将追踪溯源分成实时追踪溯源以及事后追踪溯源。实时追踪溯源是指在网络攻击行为发生过程中寻找事件的发起者。事后追踪溯源是指在网络攻击行为发生后，依据相关设备上的日志信息查找事件的发起者。

按照追踪溯源实现的位置，可以将追踪溯源分成基于终端的追踪溯源以及基于网络设备的追踪溯源。基于终端的追踪溯源通常是指追踪溯源行为的主要工作是在通信参与者的网络终端上实施的。基于网络设施的追踪溯源通常是指追踪溯源行为的主要工作是在网络设备上实施的。

按照追踪溯源发起者，可以将追踪溯源分成第三方发起的追踪溯源以及通信参与者发起的追踪溯源。第三方发起的追踪溯源通常是网络运营商或者经授权的部门发起的。通信参与者发起的追踪溯源通常是由参与通信的一方发起的。

按照追踪溯源是否需要带外通信，可以将追踪溯源分成带外追踪溯源以及带内追踪溯源。带外追踪溯源是指需要采用带外通信手段收集相关信息和/或下发相关指令来实施的追踪溯源。带内追踪溯源是指不需要采用带外通信手段，只需要网络现有的信道即可实施的追踪溯源。

按照被追踪溯源的地址，可以将追踪溯源分成针对虚假地址的追踪溯源以及针对真实地址的追踪溯源。针对虚假地址的追踪溯源是指查找分组真正的发起者。针对真实地址的追踪溯源是指查找源地址拥有者和/或接入点，针对真实地址的追踪溯源通常查找动态地址在特定时间的使用者。

此外，根据追踪溯源的目标，可以将追踪溯源分成查找路径的追踪溯源以及查找发起者的追踪溯源。查找路径的追踪溯源只查找分组在网络中的路径，可以用于虚假地址的追踪溯源，也可以用于不需要查找发起者的场景。查找发起者的追踪溯源可以不恢复路径，通常针对真实地址，查找 IP 地址在特定时间的使用者。

4. 追踪溯源的意义

网络追踪溯源技术的研究及应用在网络安全中具有十分重要的意义，为企业信息系统安全、防范网络攻击等提供有力的技术保障。

(1) 利用追踪溯源技术可以及时确定攻击源头，使防御方能够及时地制定、实施有针对性的防御策略，提高网络主动防御的及时性和有效性。

(2) 利用追踪溯源技术，可以使防御方在确定攻击源后通过拦截、隔离、关闭等手段将攻击损害降到最低，保障网络平稳、健康地运行。

(3) 利用追踪溯源技术，在定位攻击源后，通过多部门配合协调，可关闭攻击主机并对其进行搜查，从源头保障网络运行安全。

(4) 利用追踪溯源技术，可追踪定位网络内部的攻击行为，防御内部攻击。

(5) 利用追踪溯源技术，可以对各种网络攻击过程进行记录，为司法取证提供有力的支撑，威慑网络犯罪。

5.1.2 追踪溯源的信息需求

1. 网络数据流

网络数据流最初是通信领域使用的概念，代表网络传输中使用的信息数字编码序列。这里说的网络数据流是计算机网络中按照规定的格式组织起来的一串数字编码，用于在网络中通信实体间的信息交互。

网络数据流中包含源地址、目标地址、信息内容等用于通信的所有信息，追踪者可以采取一定的技术手段获取网络数据流，进行准确的数据流分析，并从中获知数据的来源，判断数据是否会导致恶意行为。

获取网络数据流的手段一般为网络抓包，常用的抓包工具有 Sniffer、Wireshark、TcpDump 等。追踪者使用这些抓包工具，将网络接口设置为监听模式，便可以将网上传输的数据信息截获。网络抓包技术广泛地应用于网络故障分析、协议分析、应用性能分析和网络安全保障等领域。从网络追踪溯源的角度看，网络数据流的特性有以下几个：

(1) 网络数据传输率快。随着网络技术的发展，网络数据传输率不断攀升，对追踪者来说。如何快速采集高速的网络数据流并进行正确的分析是其面对的主要挑战。

(2) 数据易被篡改、伪造。目前网络所使用的 TCP/IP 没有源地址认证等安全措施，攻击者能够对数据源地址字段直接进行修改或者伪造，从而达到隐藏自身的目的。

(3) 网络数据流具有时间、内容上的相关性。网络数据在传输的过程中会经过路由器、交换机等网络设备，也会经过主机、应用服务器等系统。路由器、交换机等网络设备对数据本身不作处理，只需要按照数据段中的地址信息，根据网络路由结构及策略进行数据转发。根据网络协议，转发前后的数据包内容一般不会发生变化，因此在路由器、交换机前后的数据流应该具有内容上的相关性。通过前后数据流内容相关可以确定网络传输路径。网络数据还会经过主机、应用服务器等系统，从而为用户提供网络相关应用服务，例如DNS查询、TCP会话连接等。这样的数据流在进入相应系统并经过处理后，系统会按照一定的规则进行响应，其响应信息与请求信息在内容上存在较大的差异，从内容的角度是找不到相关性的。然而这样的交互信息流在时间上却存在较大的相关性，通过时间上的相关分析，可以确定请求和响应数据流之间的关联。在网络攻击追踪溯源的过程中，为了提高准确性，降低误追踪率，可以综合利用数据流在内容和时间上的相关性，确定特定数据流的传输路径。

2. 日志信息

为了维护自身系统资源的运行状况，信息系统中的信息设备，例如计算机、路由器和防火墙等，一般都会有相应的日志记录系统，存放有关日常时间或者误操作警报的日期及时间戳等信息。

所谓日志是指系统所指定对象的某些操作和操作结果的描述按时间有序排列的集合。日志文件由日志记录组成，每条日志记录描述了一个单独的系统事件。通常情况下，系统日志是用户可以直接阅读的文本文件，其中包含一个时间戳，还有子系统特有的其他信息。日志文件为服务站、工作站、防火墙和应用软件等资源相关活动记录必要的、有价值的信息，这对系统监控、查询、报表和安全审计是十分重要的。日志文件中的记录有以下用途：监控系统资源；审计用户行为；对可疑行为告警；确定入侵行为的范围；为恢复系统提供帮助；生成调查报告；为打击计算机犯罪提供证据来源。

日志文件记录了系统中特定时间的相关活动信息，从网络追踪溯源的角度看，日志主要有以下特点。

(1) 数据量大。通常对外服务产生的日志文件(如Web服务日志、防火墙、入侵检测系统日志和数据库日志等)容量都很大，使得获取和分析日志信息的难度大大增加。

(2) 不易获取。目前国际上仍未形成标准的日志格式。不同的操作系统、应用软件、网络设备会产生不同的日志文件；即使是相同的服务(如IIS)，也可能采取不同格式的日志文件记录日志信息。如何获取并理解各类不同系统产生的不同的日志文件是有一定困难的。另外，在追踪溯源的过程中，需要调查的网络设备如果分属不同的管理机构甚至是不同的国家时，获取系统日志信息需要协调响应管理结构，摒弃政治、经济等利益冲突也是一个巨大挑战。

(3) 易被修改、破坏甚至伪造。产生系统日志的软件通常为应用系统，而不是作为操作系统的子系统运行，这些应用所产生的日志记录容易遭到恶意的破坏或修改。系统日志通常存储在系统未经保护的目录中，并以文本格式存储，未经加密和校验处理，没有提供防止恶意篡改的有效保护机制。由于日志是直接反映入侵者痕迹的，在计算机取证中扮演着重要的角色，入侵者获取系统权限，窃取机密信息或破坏重要数据后，往往会修改或删除与之相关的日志信息，甚至根据系统的漏洞伪造日志以迷惑安全人员。因此，日志文件并不一定是可靠的。

在网络攻击追踪溯源的过程中如何获取、存储、处理日志并确保其真实性是网络追踪溯源技术面临的主要问题。

3. 恶意代码

恶意代码一般指使计算机按照攻击者的意图运行以达到恶意目的的指令集合。这些指令集合包括二进制执行文件、脚本语言代码、宏代码、寄生在启动扇区的指令流等，具体表现形式有计算机病毒、蠕虫、恶意移动代码、后门、木马、僵尸程序、内核套件和融合型恶意代码等，如表 5-1 所示。

表 5-1　恶意代码类型一览

恶意代码类型	定义特征	典型实例
计算机病毒	通过感染文件或磁盘引导扇区进行传播，一般需要宿主程序被执行或人为交互才能运行	CIH、Brain
蠕虫	一般为不需要宿主的单独文件，通过网络传播自动复制，通常无须人为交互便可感染传播	Code Red、Slammer
恶意移动代码	从远程主机下载到本地执行的轻量级恶意代码，不需要人为干预或仅需要极少的人为干预	Santy Worn
后门	绕过正常的安全控制机制，从而为攻击者提供访问系统的途径	Netcat、BO
木马	伪装成有用软件，隐藏其恶意目标，欺骗用户安装和执行	Setri
僵尸程序	使用一对多的命令和控制机制组成僵尸网络	Agobot、Sdbot
内核套件	通过替换或修改系统关键可执行文件或者控制操作系统内核，以获取并保持最高控制权	LRK、FU
融合型恶意代码	融合上述多种恶意代码，构成更具破坏性的恶意代码形态	Nimda

恶意代码具有的共同特征是：①恶意的目的；②本身为计算机程序；③通过执行程序产生破坏的效果。

在网络攻击追踪溯源的过程中，追踪者可以对恶意代码进行逆向分析，从而确定攻击目的、攻击时序以及攻击命令控制机制等，这些信息对确定攻击来源以及攻击者身份非常关键。

4. 主动生成的追踪溯源信息

除了网络数据流、日志和恶意代码外，在追踪溯源过程中，追踪者根据具体的追踪场景或技术手段还能够主动发送或标记带有溯源信息的数据包用于追踪溯源。例如，Itrace 技术就是在网络路由节点处将路由节点信息及传输数据的摘要以 ICMP 数据包的形式发送到接收端，追踪者需要对这些带有路径信息的ICMP数据包进行分析，重构数据传输路径。另一类主动生成溯源信息的技术是对包进行标记。该类技术由部署在网络路由节点的特定功能的设备或软件对通过路由节点的数据包进行标记，利用IP数据包中预留的字段，对数据的网络传输路径信息进行标识记录处理，使数据中包含路径信息。在受害者端接收经过标记处理的数据包，通过重构路径算法重构数据的网络传输路径。

5.1.3 追踪溯源的层次划分

从前一节网络攻击追踪溯源的概念可以知道，网络攻击追踪溯源就是在网络空间中通过攻击行为和攻击中间介质(跳板、僵尸机、反射器)重构攻击路径，最终确定真正的攻击者的过程。在反向追踪定位的过程中，会涉及攻击中间介质的确定以及攻击路径的重构。

根据网络攻击介质识别确认、攻击路径的重构以及追踪溯源的深度和细微程度，可将网络追踪溯源分为4个层次。

1. 第一层：追踪溯源攻击主机

第一层追踪溯源攻击主机的目的是定位攻击主机，即直接实施网络攻击的主机。其追踪溯源问题可描述如下。

如图5-1所示，网络数据由P1产生，通过R3→R4传输到接收端P3，第一层追踪溯源问题可描述为：给定网络数据，如何确定P1？第一层追踪溯源问题又常常称为IP追踪(IP-Traceback)。

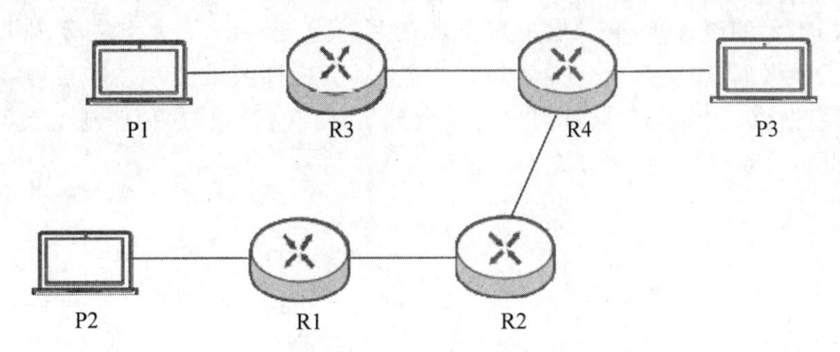

图5-1 第一层追踪溯源问题描述

第一层追踪溯源技术在学术界进行了广泛研究，形成了多种技术路线。早期技术中有的利用路由器调试接口的输入调试(input debugging)追踪溯源技术，该技术沿攻击数据流路径反向调试查询其来源，需要人工操作，效率较低。后来陆续出现了以下几种技术：

(1) 基于ICMP的追踪技术，即Itrace技术。路由器节点单独发送包含网络流路径信息的ICMP数据包；追踪者收集ICMP包含路径信息的数据，重构攻击流路径以实现追踪。

(2) 概率包标记法(PPM)。追踪者收集带标记的数据包，PPM算法重构攻击路径。

(3) 确定包标记技术(DPM)。标识进入网络的每一个数据包。

(4) 基于日志的源路径隔离引擎(SPIE)。可以对单个数据包进行追踪。

第一层追踪溯源技术的比较如表5-2所示。

表5-2　第一层追踪溯源技术的比较

追踪方法	单包追踪	与现有网络兼容性	预先获取追踪数据包	额外的通信机制保障
输入调试	不能	兼容	需要	有时需要
Itrace	不能	不兼容	不需要	不需要
PPM	不能	不兼容	不需要	不需要
DPM	能	不兼容	不需要	不需要
SPIE	能	不兼容	不需要	需要

目前,第一层追踪溯源技术取得了丰硕的研究成果,都是由包标记、日志类等基本技术方法演变而来的,在追踪溯源效率上得到了极大的提升,并向实际应用系统发展。然而,需要指出的是,每一种追踪溯源技术都有其自身的弱点和适用性,需要根据追踪溯源的具体需求以及应用环境选择适宜的追踪溯源技术。

2. 第二层:追踪溯源攻击控制主机

第二层追踪溯源的目的是确定攻击控制主机。在网络中的计算机上发生的事件总是因为某种原因或事件导致的,例如,一台计算机上的事件(请求服务)可能导致另一台计算机上的事件(提供服务)发生,所以可以将该层次追踪溯源模型用一种因果关系进行抽象。给定计算机P1上的事件1,第二层追踪溯源的目标就是寻找某个与之有因果关系的事件,它导致了计算机P1上事件1的发生。一般来说,这种因果关系是按某种顺序组合的一系列计算机链路。实际上,这种因果关系就是一种控制关系,这种控制关系可以是多对多的,也可以是一对多的,甚至是多对一的。

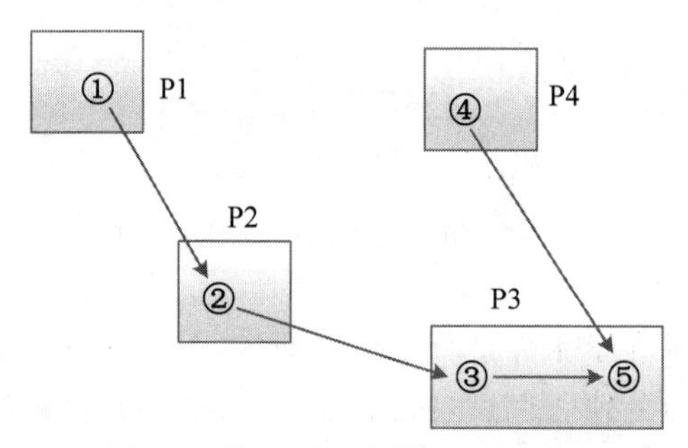

图5-2　第二层追踪溯源问题描述

在上述模型中,计算机被抽象成方框,事件用带圆圈的数字表示,事件的因果关系用带箭头的连线表示。例如,在图5-2中,攻击者在计算机P1处触发事件①入侵计算机P2,并利用P2的事件②入侵P3,在P3中触发事件③(例如DDoS代理)。而攻击者可以通过计算机P4的事件④向P3发起一个激励或命令,联合P2或直接启动事件③,导致事件⑤的发生。需要说明的是,上述事件并不需要同时发生。在事件⑤发生时,或许事件

①、②、③、④已经完成并停止活动。追踪者最初只看到事件⑤的发生及其导致的结果。第二层追踪溯源的目标正是通过事件⑤的发生找到其最初的诱因，即事件①。

通常，攻击者可以用多种方式控制网络中的主机。攻击者对主机的控制方式根据其对该主机的控制程度来确定，如图 5-3 所示。一般来说，攻击者控制程度越高，反向追踪攻击者的难度越高。攻击者控制主机的方式划分为以下 5 种：

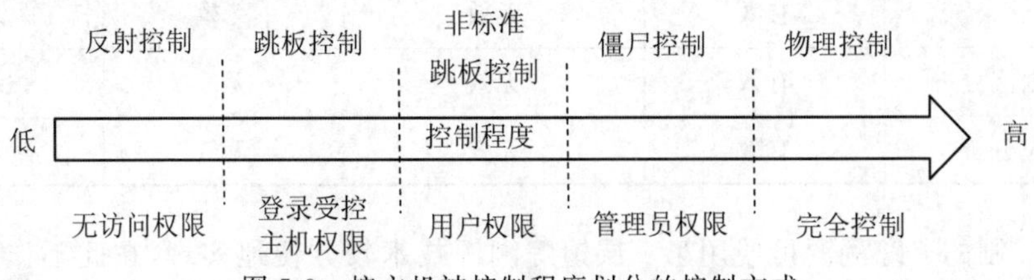

图 5-3　按主机被控制程度划分的控制方式

(1) 反射控制。在实施反射控制时，攻击者需要通过网络与该主机进行通信。在这种控制方式下，攻击者对主机没有访问权限，没有入侵主机，也不需要登录系统，但需要获知该主机运行的程序或服务。

(2) 跳板控制。攻击者利用现有标准的、运行良好的程序实时地与受控主机通信，完成控制命令等信息的收发。在这种控制方式下，攻击者拥有登录受控主机的权限。

(3) 非标准跳板控制。攻击者入侵受控主机时安装非标准的控制程序，以非正常的通信方式或协议控制受控主机。在这种控制方式下，攻击者在入侵的主机系统上安装程序并运行，至少需要获得该主机的用户权限。

(4) 僵尸控制。在绝大多数计算机中，管理员的权限远远大于用户权限。当攻击者在入侵的主机系统中获得管理员权限，可以安装任意的程序或服务时，受控主机就成为僵尸机。

(5) 物理控制。指主机的物理实体完全在攻击者的控制之下，攻击者能根据情况删减或增加主机的硬件或软件系统等。

作为追踪者，要实现第二层追踪溯源目标，最基本的思路就是沿着事件因果链一级一级地逆向追踪，最终找到真正的攻击源主机。一些技术方法一次能够完成多级追踪，但是目前还没有能够直接追踪溯源到真正的(最初的)攻击源的技术。第二层追踪溯源技术需要重点描述如何反向追踪到上一级主机，主要技术有以下几种：

(1) 内部监测。实时监测主机行为。

(2) 日志分析。分析主机内有效的系统日志信息。

(3) 快照技术。实时捕获主机当前系统的所有状态信息。

(4) 网络数据流分析。对进出主机的网络数据流进行相关分析，实现攻击数据流及其上一级节点的识别。

(5) 事件响应分析。追踪者对网络事件施加干预，以观测该事件在网络中的行为变化，对网络行为发生变化的信息进行分析，可确认事件的因果关系，实现追踪。

第二层追踪溯源技术的比较如表 5-3 所示。

表 5-3　第二层追踪溯源技术的比较

追踪技术	跳板控制	非标准跳板控制	僵尸控制	物理控制
内部监测	有效	无效	无效	无效
日志分析	有效	有效	有效	有效
快照	有效	无效	无效	无效
网络数据流分析	有效	无效	无效	无效
事件响应分析	有效	无效	无效	无效

反射控制的追踪溯源可使用第一层追踪溯源技术较方便地实现，在此不作进一步分析比较。内部监测技术能够分析主机行为的产生，进而实现其控制源的追踪，但是无法应对延迟攻击的情况。日志分析技术是第二层追踪溯源最有效的方式，但需要确保日志数据的正确性和权威性。快照技术与内部监测技术原理相同，实时性、准确性更高，但其成本也更高。网络数据流分析技术能够基于时间、内容的相关性对网络数据流进行分析，确定进出主机的数据流关系，追踪其上一级主机，但它对高匿名技术攻击流的相关分析极其困难。事件响应分析技术由于网络行为响应结果存在延后性和二义性，因此实时性及正确性较差，分析过程复杂，不适用于大多数情况。

3. 第三层：追踪溯源攻击者

第三层追踪溯源的目的是追踪定位网络攻击者，这就要求追踪者必须找到网络主机行为与攻击者(人)之间的因果关系。第三层追踪溯源就是通过对网络空间和物理世界的信息数据分析，将网络空间中的事件与物理世界中的事件相关联，并以此确定物理世界中对事件负责的责任人过程，如图 5-4 所示。

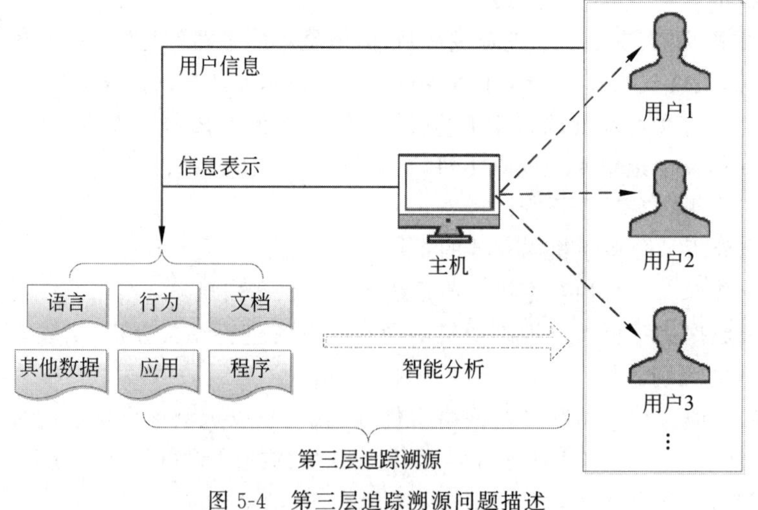

图 5-4　第三层追踪溯源问题描述

第三层追踪溯源包含4个环节：①网络空间的事件信息确认；②物理世界的事件信息确认；③网络事件与物理事件的关联分析；④物理事件与自然事件的因果确认。第一层和第二层追踪溯源技术能较好地解决第一个环节的问题。第二个环节需要利用物理世界中的情报、侦察取证等手段确定。第三个环节是通过网络中的信息与物理世界中取证的各种情报进行综合分析，确认网络事件与物理事件的因果关联，并在第二层追踪溯源定位攻击源主机的基础上，通过获取该主机的攻击行为、攻击模式、语言、文件等信息，支持物理世界中的事件确认。第四个环节是采取司法取证等手段，对物理世界中的可疑人员进行调查分析，最终确定事件责任人。

从上述第三层追踪溯源的问题描述中可以看到，完成第三层追踪溯源目标的核心仍然是信息收集与分析，但不是所有的网络信息都可用于第三层追踪溯源中，需要在网络空间有针对性地收集信息。这些信息主要包括以下几种：

(1) 自然语言文档。对攻击源主机中的文档进行收集(需确认能否通过网络进入攻击源主机，或者采取司法手段)，通过对文档内容的分析，确认攻击者的身份等。

(2) 电子邮件和聊天记录。收集其电子邮件和聊天记录等，分析其爱好、朋友圈、习惯甚至信仰等信息。

(3) 攻击代码。捕获网络攻击代码，进行逆向分析，以及确认攻击者的编程习惯、语言、工具等信息。

(4) 键盘信息。记录攻击源主机的键盘使用信息，确认攻击者进行网络攻击时的控制方式、习惯右手还是左手、键盘操作模式等信息。

(5) 攻击模型。比较流行的攻击模型是树状结构，攻击者通过这样的树状结构控制大量主机(树的分支节点和叶节点)攻击受害者(树的根节点)。通过对网络攻击模型的重构和分析，可以分析攻击者如何调动各种资源实施攻击以及攻击路径、过程控制等信息。

确保情报信息的准确性和可靠性是第三层追踪溯源的核心。追踪者需要对上述信息进行综合分析，辨别信息的准确性，对攻击者及其攻击行为作出完整而准确的描述。

4. 第四层：追踪溯源攻击组织机构

第四层追踪溯源的目的是确定攻击的组织机构，即实施网络攻击的幕后组织机构。该层次的追踪溯源问题就是在确定攻击者的基础上，依据相关组织机构信息、外交形势、政策、战略以及攻击者身份信息、工作单位、社会地位、人际关系等多种情报分析评估，确认攻击者与特定组织机构的关系，如图5-5所示。

第四层追踪溯源更多的是国家与国家、组织机构与组织机构之间的对抗，是网络攻防的一种高级形式。第四层追踪溯源是一个十分复杂的系统工程，但仍以第一层、第二层和第三层追踪溯源为基础，在前3个层次的追踪溯源基础上，结合谍报、外交、第三方情报等所有信息，综合分析评估，确定网络攻击事件的幕后组织机构。

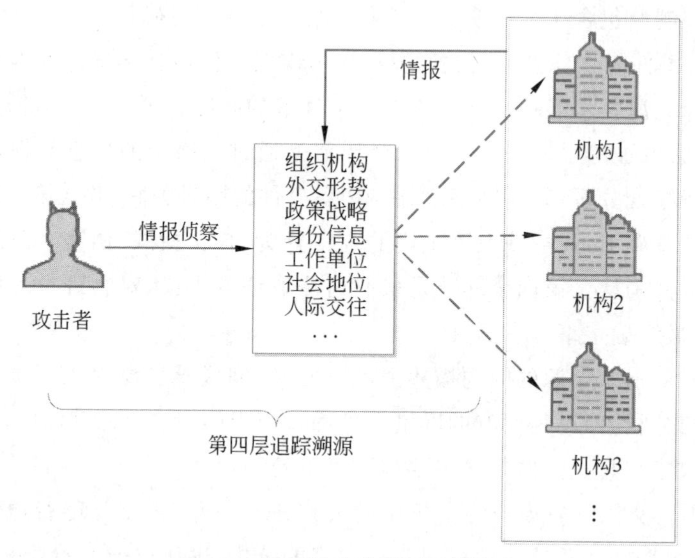

图 5-5　第四层追踪溯源问题描述

5.1.4　追踪溯源的架构及流程

1. 追踪溯源的架构

网络追踪溯源就是通过对网络数据的收集、分析处理，还原数据在网络中的传输路径，确定其真正源头。追踪溯源基本架构包括 3 个层次，即数据采集、分析追踪和追踪控制，如图 5-6 所示。

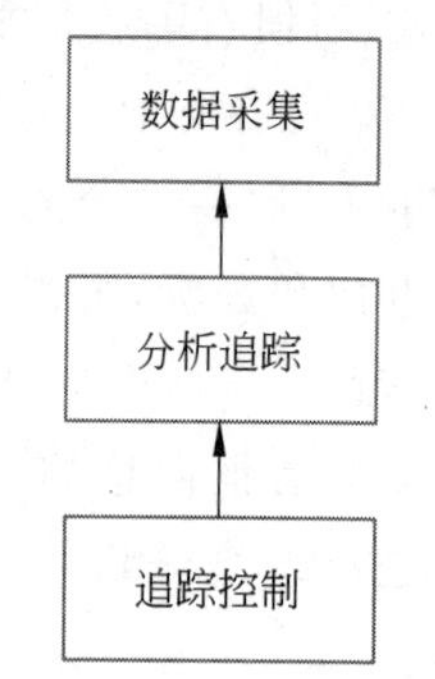

图 5-6　追踪溯源基本架构

数据采集是网络追踪溯源的基础，为追踪溯源提供数据支撑，是直接与网络进行交互操作的层次。根据具体需求的不同，数据采集层会涉及链路层、网络层以及应用层等网络层次上的数据。进行数据采集时，可以对网络数据直接采集并记录，也可以根据具体的追踪溯源方法对网络数据进行标记操作，注入必要的路径信息，为后续的分析追踪提供必需的数据。在数据采集这个层次上，还需要根据应用网络的环境和具体的追踪需求选择合适的数据采集方式，尽量减小对信息系统造成的影响。

分析追踪是网络追踪溯源的核心，与网络追踪溯源相关的分析操作都在这个层次上完成。根据具体应用的追踪溯源方法，分析追踪包括路径重构、基于数据日志的查询、链路分析等相关工作，判断真正的数据传输路径。分析追踪对通过数据采集获得的数据进行处理，可以实现网络攻击数据传输路径的追踪。

追踪控制是网络追踪溯源的控制中心，可以对数据采集和分析追踪的策略进行调整，以更加有效的方式实现追踪溯源。追踪控制包括两个方面的内容：

（1）追踪的迭代控制。一般追踪溯源是沿着网络攻击路径逆向逐节点追踪的，在每个追踪节点都需要判定其是否为最终真正的攻击源节点，其上一级节点是哪个。若确定当前节点为最终攻击源节点，则完成追踪过程；若不能确定，则在确定其上一级节点后开启下一个追踪迭代过程。

（2）跨网域的协同追踪控制。网络攻击的范围越来越大，需要在多个网域间进行协同追踪，因此追踪控制需要负责各网域追踪的协调控制以及追踪信息的交互，最终实现跨网域攻击路径的追踪。

2. 追踪溯源的流程

5.1.3 节将追踪溯源分为 4 个层次，即追踪溯源攻击主机、追踪溯源攻击控制主机、追踪溯源攻击者以及追踪溯源攻击组织机构。为统一追踪溯源的整体过程轮廓，这里给出网络追踪溯源的流程，如图 5-7 所示。

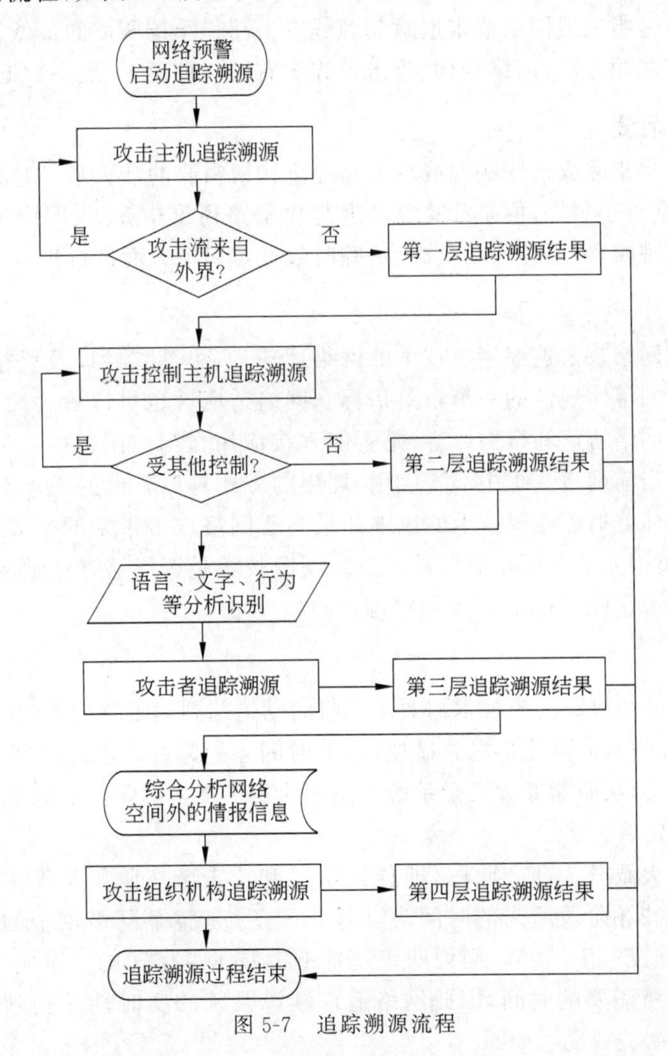

图 5-7　追踪溯源流程

追踪溯源的具体流程如下：网络预警系统发现攻击行为，请求追踪，对攻击数据流进行追踪定位，分析确定发送攻击数据的网络设备或主机，完成第一层追踪溯源。确定攻击主机后，通过分析该主机的输入输出信息或系统日志等信息，判定该设备是否被第三方控制，从而导致攻击数据的产生，据此确定攻击控制链路中的上一级控制节点，如此逐级迭代追踪，完成第二层追踪溯源。在第二层追踪溯源的基础上，结合语言、文字、行为等分析识别攻击者，完成第三层追踪溯源。在第三层追踪溯源基础上，结合网络空间之外的情报信息，判定攻击者的组织机构等信息，完成第四层追踪溯源。

5.1.5 追踪溯源技术评估指标

在具体的追踪溯源技术研究中，一般从复杂性、时效性、事后追踪溯源能力等方面评价追踪溯源技术的优劣。本节给出评估追踪溯源技术的9个指标。

1. 最小数据量

最小数据量是指完成网络攻击追踪溯源或攻击路径重构所需的最低数据量。此数据量与采用的追踪溯源方法、网络结构、攻击模式等有关。理论上，最小数据量越小越好。

2. 计算复杂度

计算复杂度是指完成追踪溯源或攻击路径重构所需要的计算量。对特定追踪方案来说，其计算复杂度越小越好，但是计算复杂度与攻击路径重构算法、网络负载等许多方面有关。在设计实现时，需要在网络负载、追踪时效性等多个方面进行折中考虑。

3. 适用性

适用性是指网络攻击追踪溯源技术的网络适应性、可部署性以及可拓展性。它是衡量追踪溯源技术的可实现性的一个重要指标。网络适应性也可以称为兼容性，它是指该技术是否与现有网络协议和架构兼容，是否能直接应用在当前网络中。可部署性是指该技术是否能够在当前网络系统中部署应用，理想的方式是以较低的成本对计算机网络进行渐进的部署。部署追踪溯源技术的成本如果高于网络攻击带来的损失，从经济的角度来看，其实用性就很差了。可拓展性是指追踪溯源技术是否能够方便地支持各种新的通信协议及网络技术，例如IPv6、移动网络等。

4. 时效性

时效性用于评估追踪溯源技术的效率。将启动追踪到确定攻击源的时间定义为追踪时间，它是时效性的具体量化指标。显然，追踪时间越短越好。追踪时间越短，就能够越快地确定攻击源头，从而能够为安全系统应急响应提供更多的防护准备时间，更能有效遏制攻击的进一步发展。

网络攻击可大致分为两个阶段，即传播阶段和攻击破坏阶段。设传播阶段所需的时间为 T_1，攻击破坏阶段所需的时间为 T_2，T_1+T_2 是整个网络攻击的持续时间。因此，如果追踪时间 $T<T_1+T_2$，则说明该追踪溯源技术是实时的。事实上，追踪时间 T 包含了网络预警所需要的时间，因此网络追踪溯源系统的实时性还受到网络预警系统的影响。

5. 事后追踪溯源能力

事后追踪溯源能力是指网络攻击结束后实施追踪溯源的能力。如图5-8所示，设追踪溯源的启动时间点为 T_0，当 T_0 位于 T_1+T_2 区域的右侧时，表明该追踪溯源为事后追踪溯源。

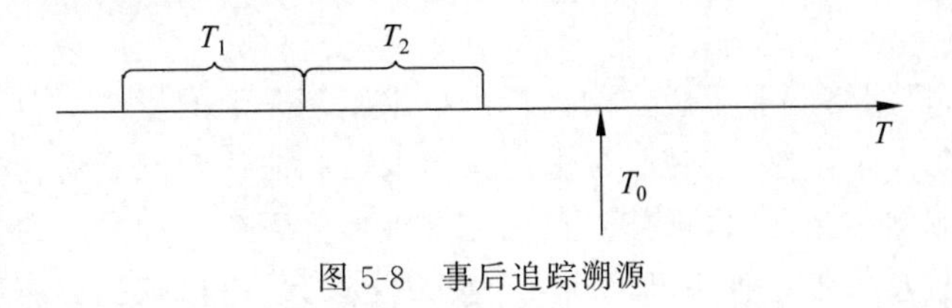

图 5-8 事后追踪溯源

具备事后追踪溯源能力的系统首先需要解决的是网络数据的存储问题，只有将网络攻击实施阶段的数据存储起来，才能实现事后追踪溯源。并不是所有的技术都能进行事后追踪溯源，例如输入调试技术等。

6. 鲁棒性

鲁棒性包括误报率和漏报率两个方面的描述。误报率指本身不是攻击源或攻击路径参与节点，却被判定为攻击源或攻击路径参与节点的概率；漏报率指本身是攻击源或者攻击路径参与节点，却被判定为正常健康节点。追踪溯源技术应尽量使这两个指标最小化，以保证系统的可用性。

7. 网络资源消耗

网络资源消耗是指在网络中部署追踪溯源技术后对网络资源的消耗。这里的资源主要是指网络带宽、路由开销。例如，基于 ICMP 的 Itrace 追踪溯源技术，由于会额外产生用于追踪溯源的 ICMP 数据包，增大了网络流量，占据了额外的网络带宽。只有对现有网络及网络设备影响小的溯源技术才有可能得到广泛的应用。

8. 自身安全性

自身安全性是指追踪溯源技术自身的抗攻击安全性。对攻击者而言，追踪溯源应具有透明性，同时追踪溯源技术能对收集到的数据进行认证，防止攻击者对追踪溯源所需数据进行篡改。

9. 追踪 DDoS 能力

追踪 DDoS 能力指对 DDoS 攻击的追踪定位能力。追踪者需要通过追踪溯源技术对参与 DDoS 攻击的计算机甚至攻击发起者本身（真正的攻击源）进行追踪定位，并采取隔离、反向攻击等措施降低甚至消除 DDoS 攻击带来的危害。由于 DDoS 攻击方式的特点，使得目前防御此类攻击变得更加困难。同时，在 DDoS 攻击中设计跳板、僵尸机等多种复杂攻击控制环节。因此对 DDoS 攻击的定位能力是衡量追踪溯源技术的一个重要指标。

上述 9 个评估指标都只集中描述追踪溯源技术某一方面的能力或要求，对于特定的追踪溯源技术或方法来说，需要在各个评估指标中找到一个平衡点，进行综合考虑，以选择满足实际需求的技术方法。

5.2 取证

目前，在计算机网络犯罪手段与网络攻击技术不断升级的形势下，只靠网络安全防御技术打击计算机犯罪是不够的，越来越多的技术人员和法律专家意识到，必须同时依靠法律和技术结合遏制网络犯罪，取证技术正是在这种形势下产生和发展的。本节所说的“取证”特指网络取证，它属于一种主动网络安全防御手段，也是追踪溯源的重要目的之一。

5.2.1 网络取证概述

1. 网络取证的定义

网络取证(network forensics)的概念最早是在20世纪90年代由美国计算机安全专家Marcus Ranum提出的，他借用了法律和犯罪学领域中用来表示犯罪调查的词汇forensics。数字取证研究工作组(Digital Forensics Research Workshop，DFRWS)在2001年的会议上明确将网络取证作为会议的4个主题之一进行讨论，并给出了网络取证的定义：“为了揭示与阴谋相关的事实，或者为了成功地检测出那些意在破坏、误用或危及系统构成的未授权行为，使用科学的技术，对来自各种活动事件和传输实体的数字证据进行收集、融合、识别、检查、关联、分析和归档等活动过程。”

目前国内学者对网络取证的定义主要有下面两种：

(1) 网络取证是指对涉及民事、刑事和管理事件而进行的对网络流量的研究，目的是保护用户和资源，防范由于持续膨胀的网络连接而产生的被非法利用、入侵以及其他犯罪行为。

(2) 网络取证是从网络活动中收集并保存网络活动数据，在适当的时候使用这些数据来证明网络入侵活动及其造成的损失，并用于入侵响应及事故。

这两个定义都揭示了网络取证的外部表现为对网络活动数据或流量的研究，但是都存在一些偏颇。前者认为网络取证的目的是预防网络违法行为；后者则强调网络取证是事先收集并保存网络活动数据，留待日后使用。两者都忽视了另外一种网络取证——事后取证的本质。网络取证有事后取证和实时取证两种，目前更多的是事后取证，其目的是尽可能真实地反映过去发生的网络事件的实际情况。这些定义过多地强调网络的实时取证，与网络监控混杂在一起。事后取证，也称静态取证，是指计算机在已遭受入侵的情况下，运用各种技术手段对其进行分析取证工作。实时取证，也称动态取证，是指利用相关的网络安全工具实时获取网络数据，并以此分析攻击者的企图和获得攻击者的行为证据。

因此，本书对网络取证给出以下定义：网络取证是对网络数据资源的监控、提取和分析，用于证明各种网络违法行为及其造成的损失。

2. 网络取证的特点

与网络取证相关的概念还包括数字取证(digital forensics)、计算机取证(computer forensics)等。数字取证是一个上位概念，是对数字资源的提取、存储、分析和利用。而网络取证不仅仅局限于计算机系统，还包括网络数据包的取证，是广义的计算机取证。区别于计算机取证，网络取证主要是通过对网络数据流审计、主机系统日志等的实时监控和分析发现对网络系统的入侵行为，自动记录犯罪证据，并阻止对网络系统的进一步入侵。网络取证也要求对潜在的有法律效力的证据进行确定与获取，但从当前的研究和应用来看，网络取证更强调对网络的动态信息收集和网络安全的主动防御。同时，网络取证也要应用计算机取证的一些方法和技术。

作为法律上的直接证据，网络证据具备真实性、完整性、证明性和合法性等特性。另外，网络证据还有以下特性：

(1) 动态性。网络上的电子证据(如数据包)具有实时性和连续性。因此网络取证必须是动态的，通常一个基本的网络取证系统由数据采集、入侵检测、数据仓库、数据分析、证据鉴定、证据保全、证据提交等各个子模块动态构成。

(2) 实时性。网络上传输的每一个数据包的传输过程有时间限制，从源地址通过传输介质到达目的地址之后就不再属于网络流。网络流是流动的，随着时间的推移而消失，具有实时性。

(3) 多态性。网络上传输的网络流有文本、视频和音频等形式，因此网络证据的表现形式具有多态性。同时，网络取证有时需要部署多个取证点或取证代理，这些取证点可能是网关、路由器或防火墙等，网络取证的部署也具有多态性。

3. 网络取证的分类

网络取证需要大量技术支持。由于网络上交换的信息涉及大量数据，如需从网络上交换的数据中分析出犯罪证据，需要高技术含量的网络技术支持。

网络取证可按照不同的方式划分为不同的类型，常见的分类方式如下。

1) 按照采集方式分类

网络取证的信息采集方式不同，但通常情况下可以归为两大类，分别是主动的信息采集方式和被动的信息采集方式。主动的信息采集方式是在获得一定的活动方向下进行主动的调查和取证，从而获得一定的证据，这样的取证方式比较有利于证据的提取。被动的信息采集方式则是被动地对网络进行动态监测，从众多信息数据中分析出可能存在的犯罪证据，这样的取证方式获得的证据比较有限。

2) 按照取证时延性分类

网络取证按照时延性可以分为实时取证和事后取证两种类型。实时取证对设备性能的要求较高，可以快速截取所需证据信息，但信息截取不够全面。事后取证是对网络上的犯罪证据数据进行保存，在截取完整信息后，再进行细致的分析，这样的取证可以保证证据的全面性。在进行事后取证时，一定要保证有足够的存储空间来进行信息的保存。

3) 按照不同的目的分类

网络取证可能有多种目的，但一般情况下可以分为 3 种：

(1) 面向网络安全管理的取证。这样的网络取证可以监测到网络安全问题，然后对可能发生的网络安全隐患进行及时的处理，从而能够保证网络安全。

(2) 面向网络管理的取证。这样的取证可以对网络上的一些不良信息进行信息源的调查，然后通知相应的管理部门进行管理，还可以保留一些不良信息证据，为以后的调查提供条件。

(3) 面向网络犯罪的取证。这样的取证往往需要一定的技术配合，从网络方面入手查证一些重要的犯罪证据。

5.2.2 网络取证程序

网络取证程序是指为了保证取得证据的合法性所必须遵循的原则、过程和步骤，它是证据法律效力的保障。按照诉讼非法证据排除规则，凡是不符合法律规定的证据均为非法证据，不能作为认定案件事实的依据。我国现行《刑事诉讼法》对取证主体、取证的方法和手段、证据的形式等方面作了明确规定，凡符合法律规定得到的证据就具有合法性，否则就为非法证据。最高人民法院《关于民事诉讼证据的若干规定》第六十八条规定："以侵害他人合法权益或者违反法律禁止性规定的方法取得的证据，不能作为认定案件事实的依据。"

网络取证所获得的电子证据，作为一种新的证据种类，其性质目前还存在很大的争议，在证据的合法性要求上自然会更高，这就需要制订一个具有普遍性和法律效力的网络取证程序。因此，网络取证程序的核心在于如何让网络取证技术在网络取证的法律程序下确保内容的真实性，也就是既能够确保取证内容的真实性，又能够保障程序的公正性。

建立一套公正的网络取证程序，首先必须明确网络取证所遵循的原则。网络取证原则对取证的全过程都会起到指导作用。目前数字取证的原则在学术界已经存在广泛的研究，可以在数字取证原则的基础上针对网络取证的特点提炼出网络取证的原则。

其次，应使网络取证的过程模型化。学术界已经根据网络安全的需求提出了网络取证的各种模型，如事件响应方法、基本过程模型、取证抽象过程模型、集成的数字调查过程模型和端对端的数字调查过程模型等。将网络取证的过程模型化，能够让取证结果具备较高的置信度。

最后，应使网络取证程序操作具体化，归结出网络取证的步骤。网络取证的步骤应具体地指出如何展开调查，一般包括取证前的准备、查找证据、提取证据、对提取的证据进行归档、利用科学的方法进行证据固定保全、审查分析证据、给出最后分析结果等。

1. 网络取证的原则

网络取证原则是整个网络取证过程所必须遵循的指导性准则，是对网络取证工作的标准要求。目前国内外学者对数字取证都提出了必须遵循的原则，这些原则被用来指导网络取证。

由俄、美相关研究人员组成的G8小组提出了数字取证操作过程的6条原则：①必须应用标准的取证过程；②捕获数字证据后，任何举措都不得改变证据；③接触原始证据的人员应该得到相关培训；④任何对数字证据进行捕获、访问、存储或转移的活动必有完整的记录；⑤任何个人若拥有数字证据，那么他必须对其在该证据上的任何操作活动负责；⑥任何负责捕获、访问、存储或转移数字证据的机构必须遵从上述原则。

国内学者提出的数字取证原则如下：①必须保证证据没有受到任何破坏；②必须保证证据连续性；③整个检查、取证过程必须受到监督；④取证必须及时；⑤取证过程必须合法；⑥对于含有电子证据的媒体至少应制成两个副本；⑦取证环境必须安全；⑧严格管理取证过程。

国内外学者所提出的数字取证原则其实大多是数字取证过程中的具体规则要求，并不是对数字取证的价值准则的提炼。网络取证的原则必须能够适应未来网络技术的发展，在取证过程和步骤没有固定化的情况下，能够指导网络取证的开展，保证取得证据的合法性和真实性。因此，探讨网络取证的原则，必须回归到证据学的本原上，要使网络取证获得的证据能够被采信，就应该保证其符合证据的三大特性：客观性、关联性和合法性。

1）客观性原则

客观性原则是指必须保证网络取证得来的证据的真实性，即网络电子证据在生成、存储、传输过程无剪接、删改、替换的情况，其内容前后保持完整一致。G8 小组数字取证原则中的“捕获数字证据后，任何举措都不得改变证据”以及国内学者提出的“必须保证证据没有受到任何破坏等原则”都是从维护证据的客观性角度出发的。电子证据本身极易被剪辑和变造，这就要求网络取证程序必须严格保证取证结果的真实性。在证据被正式提交时，必须能够说明证据从最初获取时的状态到出示时的状态之间的任何变化。我国《电子签名法》第八条规定：“审查数据电文作为证据的真实性，应当考虑以下因素：①生成、储存或者传递数据电文方法的可靠性；②保持内容完整性方法的可靠性；③用以鉴别发件人方法的可靠性；④其他相关的因素。”这也就是对数据电文这种重要的网络电子证据客观性要求的具体审查判断。

网络取证是随着网络技术的发展而广泛应用的。网络取证需要处理好网络取证程序客观性与技术之间的关系。一般认为，网络取证必须采用先进的技术和工具，但是必须在保证客观性的基础上推行运用新技术。一项新取证技术在取证结果客观性没有被证实的前提下，是不能被应用到网络取证过程中的。

2）关联性原则

关联性是指必须保证网络取证得来的电子证据与待证事件事实之间有关联。联合国《电子商务示范法》第九条第一款规定：“在任何法律程序中，在应用有关证据的任何规则时，如果涉及一条数据电文作为证据的可接受性，就不能以它仅仅是一条数据电文为理由予以拒绝。更不能在当它是提供者在合理情况下所能提供的最好证据时，仅以它不是原初形式为理由加以否认。”《最高人民法院关于民事诉讼证据的若干规定》第七十条规定：“一方当事人提出的下列证据，对方当事人提出异议但没有足以反驳的相反证据的，人民法院应当确认其证明力：（一）书证原件或者与书证原件核对无误的复印件、照片、副本、节录本；（二）有其他证据佐证并以合法手段取得的、无疑点的视听资料或者与视听资料核对无误的复制件。”这些都保证了网络取证得来的电子证据与待证事件事实之间有关联就可以被采信。但是，这种关联必须是网络取证得来的电子证据对待证事件事实具有的实质性意义。网络上的资源是海量的，能够取得与待证事件事实之间有关联的信息非常多，但并不能都作为证据使用。这就要求网络取证程序必须严格按照收集与待证事件事实之间有实质性关联的证据的指导思想来开展。

3）合法性原则

证据的合法性是指证据符合法律规定的所有要素。证据的合法性判断标准是证据的主体、取得证据的程序、方式以及证据的形式是否符合法律规定的评判依据。可见取证程序的合法性是保证证据合法性的一个重要方面。网络取证程序也必须严格遵守合法性原则，也就是必须符合法律规定的评判依据。网络取证程序的合法性原则表现在以下4个方面：

（1）网络取证的程序必须合法。在网络取证过程当中，必须按照合法的程序开展工作，否则取证的结果将不被法律认可，最终不被采信。

（2）网络取证的工具必须合法。网络取证过程中要采取合法的技术手段和工具软件，保证电子证据从收集到分析的合法性。目前蜜罐技术的法律性质备受质疑，就是由于这个方面的原因。

（3）网络取证的主体合法。网络取证对技术的要求较高，取证人员必须是依法取得职业资格证的人员。

（4）网络取证必须注意与相关当事人的权利冲突问题，这里主要是指隐私权。

凡是违反法定程序取得的证据都应予以排除，即所谓"非法证据排除规则"。如我国《刑事诉讼法》第四十三条规定："审判、检察、侦查人员必须依照法定程序，收集能够证实犯罪嫌疑人、被告人有罪或无罪、犯罪情节轻重的各种证据。严禁刑讯逼供和以威胁、引诱、欺骗以及其他非法的方法收集证据。"最高人民法院《关于民事诉讼证据的若干规定》第六十八条规定："以侵害他人合法权益或者违反法律禁止性规定的方法取得的证据，不能作为认定案件事实的依据。"

2. 网络取证的过程模型

1）基本过程模型

基本过程模型（basic process model）的取证过程包括现场保护及隔离、记录现场信息、系统查找证据、证据提取与打包、保护监督链，如图5-9所示。该模型实际上缺乏取证准备阶段，模型粒度较粗，但是涵盖了取证的基本过程，有对网络证据的保护措施，对网络取证有一定的指导作用。

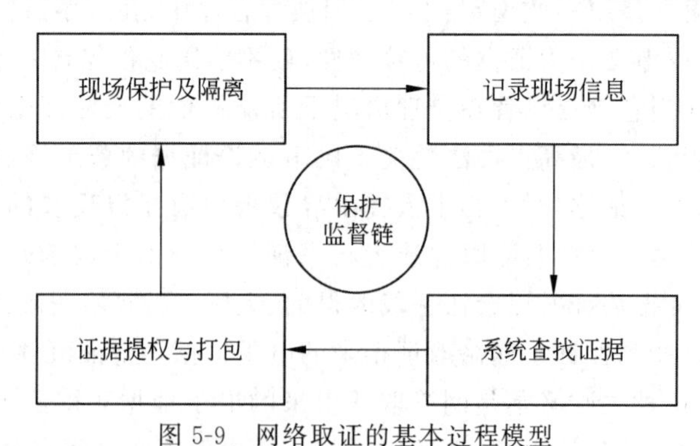

图5-9　网络取证的基本过程模型

2）事件响应过程模型

事件响应过程模型（incident response process model）把计算机取证的过程分为如下

阶段：

(1) 取证准备阶段。事先对安全人员进行培训，并准备好所需网络取证设备。

(2) 事件侦测阶段。识别可疑事件是否发生。

(3) 初始响应阶段。证实入侵事件已经发生，尽快收集容易丢失的证据。

(4) 响应策略确定阶段。依据已掌握的情况制定应急响应策略。

(5) 备份阶段。创建系统的一个备份以便取证。

(6) 调查阶段。调查系统以便识别攻击者身份、攻击手段及攻击路径，即追踪溯源。

(7) 安全方案实施阶段。保护受害系统，防止受害系统遭受进一步损害，同时对可疑程序或系统进行隔离。

(8) 网络监控阶段。监视网络以便识别可能的攻击，获取实时证据。

(9) 恢复阶段。将系统恢复到初始状态。

(10) 报告和补充阶段。记录取证相应的步骤以及修补系统的过程，对取证过程及方法进行回顾审查，并合理调整系统安全策略。

事件响应过程模型主要是针对被怀疑的网络系统的应急响应，核实是否存在正在运行的系统被攻击，并使被攻击的系统恢复原始状态，与基本过程模型相比，事件响应过程模型增加了取证准备阶段，并对后续网络取证过程进行了细粒度的划分，是比较完善的网络取证模型。

3) DFRW 取证模型

DFRW 取证模型是 DFRW 工作组提出的计算机取证基本框架，该框架包括证据识别、证据保存、证据收集、证据检验、证据分析、证据保存和证据提交。DFRW 取证模型如图 5-10 所示。

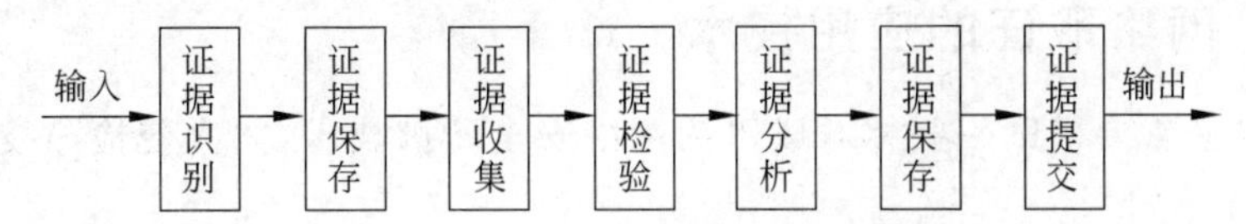

图 5-10　DFRW 网络取证模型

在 DFRW 取证模型中，主机硬盘也被认为是网络证据之一。该模型更全面地拓展了网络证据的处理过程，进一步发展和完善了网络取证基本理论和基本方法。DFRW 取证模型框架的创立对于学术界在网络取证领域中的研究方向的定位起到了推动作用。

4) Alec 网络取证模型

与传统的计算机取证模型不同，由 Alec Yasinsac 等人提出的 Alec 网络取证模型的周期从取证行为开始，即在计算机网络犯罪发生前就开始收集证据。该模型的实现往往需要将计算机取证工具和入侵检测系统、蜜罐、防火墙等网络安全工具相结合，如图 5-11 所示。

3. 网络取证的步骤

网络取证步骤是对网络取证程序和网络取证过程模型的具体化，是具体的网络取证过程。网络取证一般包括如下步骤：

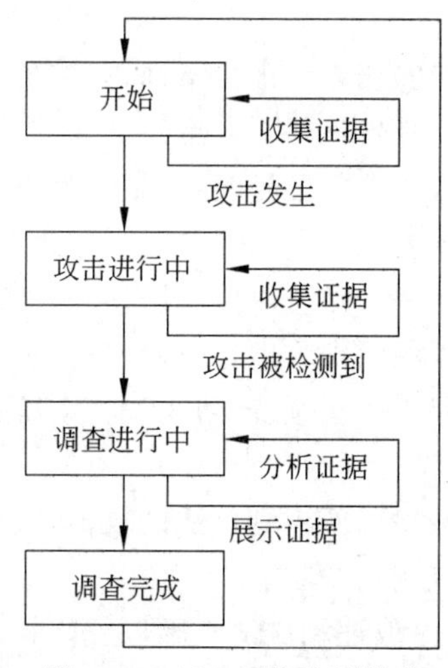

图 5-11 Alec 网络取证模型

(1) 原始数据的获取。这是网络取证的第一步。网络原始数据的来源包括网络数据、系统信息、硬盘、光盘及服务器的记录等。

(2) 数据过滤和分析。获取的原始网络数据中包含了很多与证据无关的信息,在分析之前需要过滤,以精简数据。

(3) 网络取证分析。深层关联分析数据,重建网络上发生过的系统行为和网络行为。

(4) 取证结论表示。对上述网络取证分析的过程进行总结,得到网络取证分析的相关结论,以证据的形式提交,给出专家意见。

5.2.3 网络取证的应用技术

网络取证常常要借助一些相对成熟的网络安全防御技术,如入侵检测技术、蜜罐技术等。

1. 入侵检测技术

入侵检测技术的研究涉及计算机、数据库、通信、网络等多方面的知识,一个有效的入侵检测系统不仅要求能够正确地识别系统中的入侵行为,而且要考虑到检测系统本身的安全以及如何适应网络环境发展的需要。所有这些都表明:入侵检测系统是一个复杂的数据处理系统,其涉及的问题域中的各种关系也比较复杂。

数据源提供了受保护系统的运行状态和活动记录。而审计数据的处理分析,包括对原始数据的同步、整理、组织、分类以及各种类型的细致分析,是为了提取其中所包含的系统活动特征或模式,据此对异常和正常行为作出判断。

分析是入侵检测的核心功能。它可以很简单,例如根据日志来建立决策表;也可以很复杂,例如集成数百万个处理的非参数统计量。

下面介绍入侵检测系统分析处理的过程,在这里,定义一个包含能在系统事件日志中找到入侵证据的所有方法的模型。把入侵检测系统的分析过程分为构造分析器、分析数据、反馈和更新 3 个阶段。

1）构造分析器

在分析模型中，第一阶段的任务就是构造分析器（也称分析引擎）。分析器执行预处理、分类和后处理的核心功能。不考虑分析方法，要使分析器能够正常运行，必须使它能够与其操作环境相配合，即使在独立作为系统的一部分被执行的基本系统中，这个阶段也是必需的。

（1）收集并生成事件信息。构造分析器的第一步是收集事件信息。这一阶段可能收集一个系统产生的事件信息，也可能收集实验室环境下的事件信息，具体依赖于分析方法。在有些情况下，根据一套正式的规范来工作的开发人员可能会人工收集这些事件信息。

对于误用检测，将处理收集到的入侵信息，其中包括脆弱性、攻击和威胁、具体攻击工具和观察到的重要信息。在这种情况下，误用检测也收集典型的一致策略、过程和活动信息。

对于异常检测，其事件信息来自系统本身或指定的相似系统，因此事件信息是建立指示正常用户行为的基准特征轮廓所必需的。

（2）预处理信息。在收集事件信息完成之后，这些信息需要经过许多转换以备分析器使用。它们可能被修改成通用的或规范的格式。这种格式通常作为分析器的一部分。在一些系统中，对数据也可能要进行结构化处理，以便进行特性选择或执行其他一些处理。

在误用检测中，数据预处理通常包括对收集到某种通用表格中的事件信息进行转换。例如攻击症状和策略冲突可能被转换成基于状态转换的信号或某种产品系统规则。在一个基于网络的入侵检测系统中，数据包可能首先会被缓存起来，并在TCP会话期被重建。

在异常检测中，事件数据可能被转换成数据表，例如将系统名转换成IP地址。同样，不同的信息也可能会被转换成一些规范的表格。

规范表格用于以单个分析器监视多个操作系统。每个操作系统都有自己的事件数据格式。入侵检测系统开发者可以开发一个能够分析来自不同操作系统的数据的通用分析器。开发者可集中将新操作系统的事件数据转换成规范格式，规范格式同样也适用于在一种操作系统环境下进行一般分析。有些入侵检测专家认为：许多企业完全集中于常用的操作系统，以至于规范格式也不再使用。

（3）建立行为分析器。建立行为分析器就是按设计原则建立一个数据区分器，它能够把入侵指示数据和非入侵指示数据区分开来。数据区分器的建立依赖于分析方法。

在误用检测中，数据区分器是建立在规则或其他模式描述的行为上的，这些规则或描述能分成单一特征或复合特征。例如，检测到一个非正常格式的IP包属于单一特征，而检测到一个在UNIX系统下发送E-mail的攻击就属于复合特征。

一个误用检查区分器的结构可以是一个专家系统。专家系统由一个知识库构成，知识库包括基于过去的入侵行为建立的规则，这些规则通常采用if-then-else的结构。

误用检查区分器的结构也可以是模式引擎，它把入侵行为作为攻击匹配特征去匹配审计数据。由于建立在这个模型上的许多系统是十分可靠、有效的，因此，目前商业入侵检测产品大多采用这种方法。

在异常检测中，区分模型通常由用户过去行为的统计特征轮廓构成，这些统计特征轮廓也用于标识系统处理的行为。这些统计特征轮廓按照各种算法进行计算，在用户行为模式下，其应用方案可能会逐渐变化。这些统计特征轮廓可以按照固定或可变的进度表进行修补。

(4) 将事件数据输入分析器中。在行为分析器建好后，就需要将预处理后的事件输入到分析器中。

对于误用检测，主要使用预处理事件数据或攻击知识的内容，将收集到对分析器有丰富意义的攻击数据输入到误用检测中。

对于异常检测，通过运行异常检测器，将收集到的数据输入其中，并允许系统基于这些数据计算用户行为的统计特征轮廓。输入异常检测器的历史数据对于入侵检测来说往往是不够的，通常假定没有任何协作证据，因此，为异常检测器寻找合适的参考事件数据是非常重要的。

(5) 保存已输入数据的模型。无论采用什么方法，输入数据后的模型都应该被存储到预定的位置，例如保存在知识库中，以备操作使用。在这种意义上，输入数据的模型包含了所有的分析标准，事实上也包含了分析器的实际核心。

2) 分析数据

在对现场实际数据分析的阶段中，分析器需要分析现场实际数据，识别入侵和其他重要活动。

(1) 输入事件记录。执行分析的第一步是收集信息源产生的事件记录，这样的信息源可能是网络数据包、操作系统的审计记录或应用日志文件，并且这些信息源都必须是可靠的。

(2) 事件预处理。与构造分析器阶段一样，在分析阶段也可能需要一些事件数据的预处理。预处理的确切性质取决于分析的性质。例如，从高级会话中抽出各种 TCP 消息，并且把来自操作系统的过程标识符构造成一个高度集成的处理树。

对于误用检测，事件数据通常都转化成典型的表格，与攻击信号的结构对应。在一些方法中，事件数据被集成起来。例如，将用户会话期、网络连接或其他高级事件构成一些重要的微时间片段。在其他方法中，可能会通过捆绑一些属性(即行为分析器使用事件数据的一些属性)、完全删除其他属性和在其他数据上进行计算生成新的、格式紧凑的数据记录来精简数据。

对于异常检测，事件数据通常被精简成一个轮廓向量。

(3) 比较事件记录和知识库。对格式化的事件记录和知识库的内容进行比较。接下来的处理取决于比较结果和对分析方案的质疑。如果事件记录指示一次入侵，那么就可以记入日志；如果事件记录没有指示，分析器就比较下一个记录。

在误用检测中，预处理事件记录被提交给一个模式匹配器。如果模式匹配器在攻击信号和事件记录中找到一个匹配，则返回一个警告。在一些误用检测器中，如果找到一个部分匹配，这种情况可能被记录或缓存在内存中，等待进一步的信息以便作出更明确的决定。

在异常检测中，将会比较用户会话行为特征轮廓的内容与其历史特征轮廓的内容，把比较的结果作为异常判定的依据。如果用户行为特征轮廓与历史行为特征轮廓有足够的相关度,可能本次访问不是攻击;如果判断用户行为是异常的,就返回一个警告。

许多基于异常检测的入侵检测引擎可能也同时执行误用检测,所以实现方案中,上述方法可能组合在一起使用。

(4) 产生响应。如果事件记录与入侵或其他重要行为匹配,则需要返回一个响应。响应的性质取决于具体分析方法的性质。响应可以是一个警告、日志条目,或由入侵检测系统管理员指定的其他行为。

3) 反馈和更新

反馈和更新是一个非常重要的过程。在误用检测系统中,这个阶段的主要功能是更新攻击信息的特征数据库。每天都能够根据新攻击方式的出现来更新攻击信息的特征数据库是非常重要的。许多优化的信号引擎能够在系统正在监听事件数据,没有中断分析过程的同时,由系统管理员更新信号数据库。

大多数基于误用检测的分析方案都有一些关于最大时间间隔的限制,以便在这段时间内匹配一次攻击事件。

保存状态信息需要一个大容量的内存。尤其是在比较繁忙的系统中,有多个用户、进程和网络连接时,状态信息的管理是系统稳定运行的关键。在基于网络的入侵检测系统中能够看到这方面的影响。

在异常检测系统中,依靠执行异常检测的类型,定时更新历史统计特征轮廓。例如,在入侵检测专家系统(Intrusion Detection Expert System,IDES)中,每天都进行特征轮廓的更新。每个用户的摘要资料被加入知识库中,并且删除最老的资料。对于其余的资料,可以给它们指定一个老化因子。通过这种方法,近期的用户行为能够有效地影响入侵检测活动的决策。

2. 蜜罐技术

蜜罐是一种在互联网上运行的计算机系统,其目的在于吸引攻击者对其发起攻击,然后记录攻击者的一举一动。它是专门为了引诱那些企图非法闯入他人计算机系统的入侵者而设计的。蜜罐就像是情报收集系统,设计蜜罐主要是为了给攻击者提供一个容易攻击的目标,引诱攻击者前来攻击。当攻击者入侵后,该系统能够自动监视和记录其所有的操作行为,使取证人员了解到攻击者的攻击手段、策略、工具和目标,实现实时取证。

具体来讲,蜜罐系统最重要的功能是对系统中所有操作和行为进行监视和记录,网络安全专家通过精心的伪装,使得攻击者在进入目标系统后仍不知道自己所有的行为已经处于系统的监视下。为了吸引攻击者,通常在蜜罐系统上故意留下一些安全后门,或者放置一些网络攻击者希望得到的敏感信息,当然这些信息都是虚假的。另外,一些蜜罐系统对攻击者的聊天内容进行记录,管理员通过研究和分析这些记录,可以得到攻击者采用的攻击工具、攻击手段、攻击目的和攻击水平等信息,还能对攻击者的活动范围以及下一个攻击目标进行判断;同时,在某种程度上,这些信息将会成为对攻击者进行起诉的证据。蜜罐系统仅仅是一个对其他系统和应用的仿真,可以创建一个监禁环境将攻击者困在其中,还可以是一个标准的产品系统,无论使用者如何建立和使用蜜罐,只有当它受到攻击时,它的作用才能发挥出来。

蜜罐的配置模式主要分为以下 4 种。

1) 诱骗服务

诱骗服务(deception service)是指在特定的 IP 服务端口侦听并像应用服务程序那样对各种网络请求进行应答的应用程序。DTK 就是这样的一个服务性产品。DTK 吸引攻击者的手段就是可执行性,它模仿那些具有可攻击弱点的系统与攻击者进行交互,所以可以产生的应答非常有限。DTK 在这个过程中对所有的行为进行记录,同时提供较为合理的应答,并给闯入系统的攻击者带来系统并不安全的错觉。例如,将诱骗服务配置为 FTP 服务的模式,当攻击者连接到 TCP/21 端口的时候,就会收到一个由蜜罐系统发出的 FTP 的标识。如果攻击者认为该蜜罐系统就是他要攻击的 FTP 服务,他就会采用攻击 FTP 服务的方式进入系统,这样,系统管理员便可以记录攻击的细节。

2) 弱化系统

弱化系统(weakened system)的原理是：在外部网络上有一台计算机运行没有打补丁的 Windows 或者 Red Hat Linux,这样的特点使攻击者更加容易进入系统,系统可以收集有效的攻击数据。因为攻击者可能会设陷阱,以获取计算机的日志和审查功能,所以弱化系统需要运行额外的记录系统,以实现对日志记录的异地存储和备份。它的缺点是"高维护、低收益",这是因为获取已知的攻击行为是毫无意义的。

3) 强化系统

强化系统(hardened system)同弱化系统一样,提供了一个真实的环境,不过强化系统已经"武装"成看似足够安全的。当攻击者闯入时,蜜罐就开始收集信息,它能在很短的时间内收集很多有效数据。使用这种蜜罐需要系统管理员具有很高的专业技术水平。如果攻击者具有更高的技术水平,那么,他很可能取代管理员对系统进行控制,从而对其他系统发动攻击。

4) 用户模式服务器

用户模式服务器(user mode server)实际上是一个用户进程,它运行在主机上,并且模拟成一个真实的服务器。在真实主机中,每个应用程序都被视作一个具有独立 IP 地址的操作系统和服务的特定实例;而用户模式服务器进程就嵌套在主机操作系统的应用程序空间中,当互联网用户向用户模式服务器的 IP 地址发送请求时,主机将接收请求并且转发到用户模式服务器上。它的优点体现在系统管理员对用户主机有绝对的控制权。即使蜜罐被攻陷,由于用户模式服务器是一个用户进程,系统管理员只要关闭该进程就可以了。另外,这种模式可以将防火墙和入侵检测系统集中于同一台服务器上。当然,其局限性是不适用于所有的操作系统。

当察觉到攻击者已经进入蜜罐的时候,接下来的任务就是数据收集了。数据收集是设置蜜罐的另一项技术挑战。蜜罐监控者只要记录进出系统的每个数据包,就能够对攻击者的所作所为一清二楚。蜜罐本身的日志文件也是很好的数据来源,但日志文件很容易被攻击者删除,所以通常的办法就是让蜜罐向在同一网络中防御机制较完善的远程系统日志服务器发送日志备份。

5.3 思考题

1. 追踪溯源的定义是什么？为什么追踪溯源有一定的困难？
2. 简述追踪溯源的分类。
3. 追踪溯源需要哪些信息？
4. 追踪溯源有哪几个层次？
5. 追踪溯源的基本架构是怎样的？
6. 简述追踪溯源的基本流程。
7. 追踪溯源的技术评估指标有哪些？
8. 简述网络取证的定义与特点。
9. 网络取证程序是什么？
10. 网络取证的原则是什么？
11. 简述 DFRW 网络取证模型。
12. 简述网络取证的步骤。
13. 什么是蜜罐技术？

第6章 应急响应

网络安全领域的应急响应是指在突发重大网络安全事件后对包括计算机运行在内的业务运行进行维持或恢复的各种技术、管理策略与规程。本章先介绍应急响应与网络安全应急响应的基本概念；接着详细描述网络安全应急响应的分类与特点，以及能力建设与流程；最后具体分析网络安全应急响应组织体系的模型、架构以及运行机制。

6.1 应急响应概述

6.1.1 应急响应定义

一般来说，应急响应（emergency response）机制是由政府或组织推出的针对各种突发公共事件而设立的各种应急方案，通过该方案使损失减到最小。而应急响应系统则是为应对突发事件，由一定的（作业实施）要素按特定的组织形式构成，以实现社会系统安全保障功能为目的的统一整体。随着近年来越来越多的大型企业逐渐实现办公环境甚至生产环节的网络化，部分企业已经建立起企业级的应急响应机制和应急响应系统。

应急响应的主体通常是政府部门、大型机构、基础设施管理经营单位或企业等。应急响应所处理的问题，通常为突发公共事件或突发的重大安全事件。应急响应所采取的措施通常为临时性的应急方案，属于短期的针对性较强的处置措施。应急响应的首要目的是减少突发事件所造成的损失，包括人民群众的生命、财产损失，国家和企业的经济损失，以及相应的社会不良影响等。

应急响应方案是复杂而体系化的突发事件应急方案，包括预案管理、应急行动方案、组织管理、信息管理等环节。其相关执行主体包括应急响应相关责任单位、应急指挥人员、应急响应工作实施组织、事件发生当事人。

6.1.2 应急响应技术发展特点

近年来，发达国家大力加强跨领域、跨部门、跨行业的突发安全事件应急技术的研发和一体化应急平台的架构，高度重视应急平台的风险分析、信息报告、监测监控、预测预警、综合分析、辅助决策、综合协调与风险评估等关键环节所需的关键技术。

在互联网出现之前，传统的应急响应技术具有以下特点：

（1）单一行业、专业、领域中的应对与处置，面对的事件复杂性相对较低。

(2) 可以是对于一个区域内常见事件的应对与处置,认识角度比较单一。

(3) 传统的多领域协同响应,应急中需要采用的技术手段和管理策略比较清晰。

现实中出现各类突发事件后,立刻就会对相应的应急响应技术提出更高的要求,来满足这些来自现实的需求。基于公共安全基础理论,公共安全科技应当具备三大核心技术:全方位无障碍危险源探测监测与精确定位技术、多尺度动态准确预测与快速预警技术、基于危险性分析的优化决策与救援处置技术。它们是实现全面监控与自动处置、科学预测与快速预警、优化决策与高效救援、保障公共安全的重要技术手段。综合而言,现代应急响应技术的发展趋势则具有以下特点。

1. 开展体系性的建设与整合工作

在下一代应急响应平台的开发过程中,更重视和加强应急系统的体系性工作,进行大系统集成,要求整合现场、现场指挥中心、后方指挥中心的资源和信息。由于现有应急相关系统在建立时目标和需求有差别,要整合成为有机整体,需要信息系统框架、基础平台、接口协议、信息交换、数据结构和功能实现等方面的统一标准。在纵向上,不同层次的应急平台的功能和技术体系要有一致性,与统一指挥、分级响应、属地为主的应急体制相一致;在横向上,应急平台应能改变同级部门间条块分割、独立作战的局面,充分体现一体化应急的功能。

2. 加大监测监控与预警技术的应用

发达国家重视运用先进的网络技术、遥感技术、传感和信号处理技术,建立和完善网络化的国家级应急预警系统。"9·11"事件后,美国建设了互联网络安全防范系统以及食品安全、外来生物入侵、反生物恐怖及动植物防疫等既相对独立又互相联系的预警和快速反应体系;国外普遍重视对重大危险源在线检测识别与监控技术的应用;日本先进的地震监控监测与预警系统在震后数秒内即可向公众发布灾害现场信息,有效辅助救灾与指挥决策;发达国家还积极发展各种卫星、雷达等遥感探测手段,以多种手段获取高精度和高时空分辨率的气象信息。

3. 加强应急平台涉及的公共安全基础数据的综合汇集与分级分类管理

公共安全应急数据涉及面广,具有跨部门、跨领域的特点,数据汇集复杂、困难。美国国家事故管理系统综合中心(NIMS Integration Center)制定了公共安全数据资源的搜集、分类管理和状态跟踪方法,并通过国土安全运行中心来实施数据和情报的汇集。相比之下,我国还没有建立有效的信息资源共享机制,各种应急信息,缺乏整合,全国应急管理的综合信息数据库和应用系统仍没有形成体系,突发公共事件发生时,难以迅速收集、汇总和分析各类有关信息,不利于为科学应急提供参考和依据。为此,亟须在应急管理领域建立大型、综合性、公用性数据库,研究应急数据统一汇集、有机融合和分级分类管理的技术方案。

4. 重视灾害事故的时空风险预测、危险性分析与决策支持

应急平台的关键性作用是对突发公共事件的发展、危害以及应急效果进行动态、科学、合理的预测评估,为应急决策提供依据。2005年,卡特里娜飓风后,即使在灾害仿真

与预测模拟方面具有强大优势的美国仍然认为其预测预警工作存在不足。突发公共事件随空间和时间变化规律的预测分析以及协调多方人员、物资和信息实现动态优化决策是亟须解决的重要问题，核心解决途径是开展综合风险分析、预测预警、辅助决策和模拟仿真等应急技术的综合性攻关与应用，并与空间地理信息相融合，进行动态分析、快速评价和直观显示。

5. 建设研究基地，实现应急平台的不断完善和应急科技的持续创新

我国在公共安全与应急技术领域虽然已取得了初步成果，但尚未形成整体的公共安全应急核心技术自主开发能力。相比发达国家建立的地震、火灾、气象灾害、洪水等大型研究基地和培训基地，我国迄今还没有公共安全与应急技术领域的国家级综合性研究机构，在该领域内整体科技水平处于较低层次，无法适应国家公共安全保障与应急科技的重大需求。建设国家级应急科技与工程研究机构，完善其研发与测试的条件和设施，将为国家应急平台体系建设与运行、应急关键技术和装备研发以及系统验证、应急技术培训与演练等提供科技支撑。

总之，应急响应技术的发展要满足跨行业、专业、领域的突发事件应对与处理，要满足一个区域内罕见事件的处置，所需资源需要和其他区域进行协调。要满足多部门的协同响应，并且很多事件需要在平时业务关联性较低的部门间进行协作，使应急响应变得更加快捷有效。

6.1.3 网络安全应急响应概述

狭义的网络安全(network security)是指计算机局域网络或互联网环境下的网络信息系统的安全，而广义的网络安全则可以泛化为网络空间安全(cyberspace security)，涉及国家、社会、企业、个人等各个层面。例如舆论舆情、谣言诽谤、企业品牌声誉、个人隐私、虚拟物品资产安全、商业知识产权安全等，既有虚拟空间的安全，又有与之关联的实体空间的安全。

本书所讲的网络安全是以网络系统安全(network system security)为核心的网络空间安全问题，兼顾网络自身安全与其中的信息数据安全，其内涵主要是网络系统安全、应用系统安全保障及相关安全业务管理。

网络应急响应的活动应该主要包括两个方面：第一是未雨绸缪，即在事件发生前先做好准备，例如风险评估、安全计划制订和安全意识培训，以发布安全通告的方式进行预警，以及各种防范措施；第二是亡羊补牢，即在事件发生后采取的措施，其目的在于把事件造成的损失降到最低。这些行动措施可能来自人，也可能来自系统。例如，在事件发生后，要进行系统备份、病毒检测、后门检测、清除病毒或后门、隔离、系统恢复、调查与追踪、入侵者取证等一系列操作。

以上两个方面的工作是相互补充的。首先，事前的计划和准备为事件发生后的响应动作提供了指导框架，否则，响应动作将陷入混乱，可能造成比事件本身更大的损失；其次，事后的响应可能发现事前计划的不足，从而吸取教训，进一步完善安全计划。因此，这两个方面应该形成一种正向反馈机制，逐步强化组织的安全防范体系。

目前的相关工作仍无法满足实际工作需求，突出表现在两个方面：一是网络安全应急标准体系不完善；二是公共安全应急基础性、通用性、综合性标准研制不足。

6.2 网络安全应急响应管理

网络安全应急响应的管理是一个周而复始、持续改进的过程，大致包含以下 3 个阶段：

(1) 网络安全应急响应需求分析和应急响应策略的确定。

(2) 网络安全应急响应计划文档编制。

(3) 网络安全应急响应计划的测试、培训、演练和维护。

从管理角度看，网络安全应急响应的管理流程可分为事件报告、事件评估、应急启动、应急处置、后期处置等环节，如图 6-1 所示。

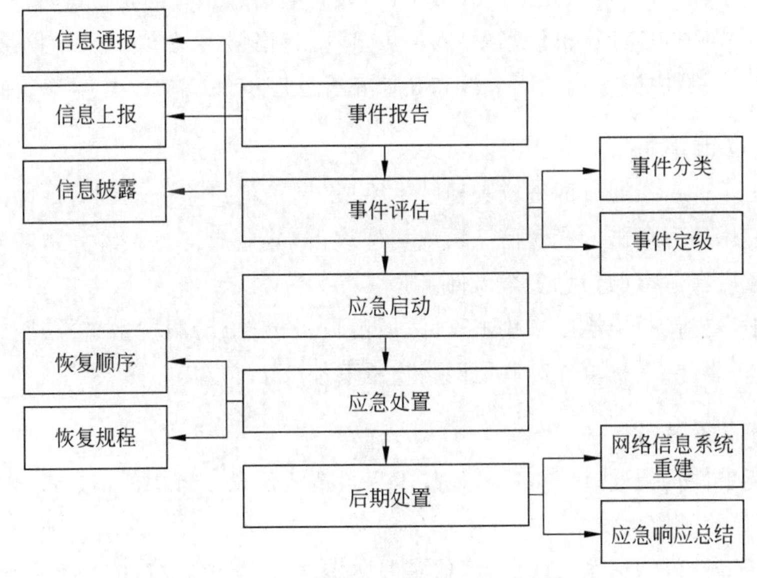

图 6-1　网络安全应急响应管理流程

另外，图 6-1 主要是针对政府部门、大型机构和基础设施管理经营单位的流程，而对于企业网络安全应急响应来说，信息通报、上报、披露等环节可以根据实际情况选择。事件的分类、定级也可以按照企业自己制定的标准执行。

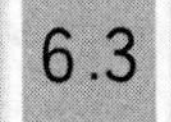

6.3 网络安全应急响应分类与特点

6.3.1 网络安全事件分类

对网络安全事件进行分类是网络安全事件管理的基础性工作。规范、合理的网络安全事件分类有利于促进网络安全事件的信息共享和交流，提高其通报和应急响应的自动化程度，有利于在规范化的网络安全事件类别基础上进行统计和分析，从而确定网络安全事件的严重性和危害程度，进而为科学的应急处置做好准备。

目前，我国网络安全的分类多参照国家标准 GB/Z 20986—2007《信息安全事件分类指南》执行。

信息安全事件根据起因、表现、结果等分为有害程序事件、网络攻击事件、信息破坏事件、信息内容安全事件、设备设施故障、灾害性事件和其他信息安全事件 7 个基本类型，每个基本类型包括若干个子类。

1. 有害程序事件

有害程序事件是指蓄意制造、传播有害程序，或是因受到有害程序的影响而导致的信息安全事件。有害程序是指插入信息系统中的一段程序，有害程序危害系统中的数据、应用程序或操作系统的保密性、完整性或可用性，或影响信息系统的正常运行。

有害程序事件包括计算机病毒事件、蠕虫事件、特洛伊木马事件、僵尸网络事件、混合攻击程序事件、网页内嵌恶意代码事件和其他有害程序事件 7 个子类。

2. 网络攻击事件

网络攻击事件是指通过网络或其他技术手段，利用信息系统的配置缺陷、协议缺陷、程序缺陷或使用暴力攻击方式对信息系统实施攻击，并造成信息系统异常或对信息系统当前运行造成潜在危害的信息安全事件。

网络攻击事件包括拒绝服务攻击事件、后门攻击事件、漏洞攻击事件、网络扫描窃听事件、网络钓鱼事件、干扰事件和其他网络攻击事件 7 个子类。

3. 信息破坏事件

信息破坏事件是指通过网络或其他技术手段造成信息系统中的信息被篡改、假冒、泄露、窃取等而导致的信息安全事件。

信息破坏事件包括信息篡改事件、信息假冒事件、信息泄露事件、信息窃取事件、信息丢失事件和其他信息破坏事件 6 个子类。

4. 信息内容安全事件

信息内容安全事件是指利用信息网络发布、传播危害国家安全、社会稳定和公共利益的内容的信息安全事件。

信息内容安全事件包括以下 4 个子类：

（1）违反宪法和法律、行政法规的信息安全事件。

（2）针对社会事项进行讨论、评论，形成网上敏感的舆论热点，出现一定规模炒作行为的信息安全事件。

（3）组织串连、煽动集会游行的信息安全事件。

（4）其他信息内容安全事件。

5. 设备设施故障

设备设施故障是指由于信息系统自身故障或外围保障设施故障而导致的信息安全事件,以及人为使用非技术手段有意或无意地造成信息系统破坏而导致的信息安全事件。

设备设施故障包括软硬件自身故障、外围保障设施故障、人为破坏事故和其他设备设施故障 4 个子类。

6. 灾害性事件

灾害性事件是指由于不可抗力对信息系统造成物理破坏而导致的信息安全事件。

灾害性事件包括水灾、台风、地震、雷击、坍塌、火灾、恐怖袭击、战争等导致的信息安全事件。

6.3.2 网络安全应急响应分类

网络安全应急响应可以从多个角度进行分类。

首先,根据我国网络安全事件的分类分级标准,将网络安全应急响应分成 4 级,特别重大的是Ⅰ级,重大的是Ⅱ级,较大的是Ⅲ级,一般的是Ⅳ级。

其次,根据互联网网络安全事件的分类,也可以相应地把网络安全应急响应划分为 7 类。

当然,还可以根据网络安全责任主体的不同,将网络安全应急响应的类型分为大型活动项目期间网络安全应急响应、国家层面网络安全应急响应、政府部门层面网络安全应急响应、企业组织层面网络安全应急响应、无责任主体突发事件类网络安全应急响应五大类型。本书主要面向的是企业组织层面网络安全应急响应。

6.3.3 网络安全应急响应的特点

企业用户是互联网的主体用户之一,互联网环境下的不安全因素直接影响到企业的信息网络。同时,企业内网安全也会遭遇突发事件。例如,2015 年 5 月某上市企业服务器“疑似数据库物理删除”事件给该企业带来了恶劣的负面影响。

企业内部网络的安全对企业的知识产权保护、商业机密管控有非常高的要求,因此,如果出现重大突发网络安全事故而不能及时响应、妥善处理,企业将可能遭遇灭顶之灾。企业网络安全应急响应工作所面临的主要对象及特点如下:

(1) 企业网络安全应急响应首先要关注漏洞。企业网络最关注的是系统或软件漏洞引发的网络与信息安全问题。漏洞是黑客入侵与渗透的主要“通道”之一,企业既要应对程序开发导致的漏洞,也要应对协议架构或系统管理流程上的漏洞,还要应对硬件上的漏洞。

(2) 企业还应关注其他网络攻击事件的应急响应,如信息泄露、分布式拒绝服务攻击、病毒木马等。

(3) 对于跨区域大型企业,由于其内部网络的复杂度高,例如各地分部、分支办事机构之间都要通过网络互联,使企业信息系统安全应急响应复杂度、隐患排查难度大大提高。

6.4 网络安全应急响应能力建设与流程

6.4.1 网络安全应急响应能力建设

根据在网络安全管理工作中积累的实践经验，建立良好的网络安全应急保障体系，使其能够真正有效地服务于网络安全保障工作。应该重点加强以下几方面的能力。

1. 综合分析与汇聚能力

网络安全领域的应急保障有其自身较为明显的特点，其对象灵活多变，信息复杂海量，难以完全靠人力进行综合分析决策，需要依靠自动化的现代分析工具，实现对不同来源的海量信息的自动采集、识别和关联分析，形成态势分析结果，为指挥机构和专家提供决策依据。完整、高效、智能化是满足现实需求的必然选择。因此，应有效建立以信息汇聚（采集、接入、过滤、范化、归并）、管理（存储、利用、管理）、分析（基础分析、统计分析、业务关联性分析、技术关联性分析）、发布（多维展现）等为核心的完整能力体系，在重大信息安全事件发生时，能够迅速汇集各类最新信息，形成易于辨识的态势分析结果，最大程度地为应急指挥机构提供决策参考依据。

2. 综合管理能力

伴随着互联网的飞速发展，网络安全领域相关的技术手段不断翻新，对应急指挥的能力、效率、准确程度要求更高。在实现网络与信息安全应急指挥业务的过程中，应注重用信息化手段建立完整的业务流程，注重建立集信息系统安全综合管理、动态监测、预警、应急响应为一体的网络安全综合管理能力。

要切实认识到数据资源管理的重要性，结合日常应急演练和管理工作，做好应急资源库、专家库、案例库、预案库等重要数据资源的整合、管理工作，在应急处理流程中，能够依托自动化手段推送关联性信息，不断丰富数据资源。

3. 处理信息系统安全日常管理与应急响应关系的能力

网络安全日常管理与应急响应有较为明显的区别，其主要体现在以下 3 点：

（1）业务类型不同。日常管理工作主要包括对较小的信息安全事件进行处置，组织开展应急演练工作等，而应急响应工作一般面对较严重的信息安全事件，需要根据国家政策要求进行必要的上报，并开展或配合开展专家联合研判、协同处置、资源保障、应急队伍管理等工作。

（2）响应流程不同。在日常管理工作中，对较小事件的处理在流程上要求简单快速，研判、处置等工作由少量专业人员完成即可。而应急响应工作需要有信息上报、联合审批、分类下发等重要环节，响应流程较为复杂。

（3）涉及范围不同。在应急响应工作状态下，严重的信息安全事件波及范围广，需要较多的涉事单位、技术支撑机构和个人进行有效协同，也需要调集更多的应急资源进行保障，其涉及范围远大于日常工作状态。

然而，网络安全日常管理与应急响应工作不可简单割裂。例如，两者都需要建立在对快速变化的信息进行综合分析、研判、辅助决策的基础之上，拥有很多相同的信息来源和自动化汇聚、分析手段。同时，日常工作中的应急演练管理、预案管理等工作本身也是应急响应能力建设的一部分。因此，在流程机制设计、自动化平台支撑等方面，应充分考虑两种工作状态的联系，除对重大突发信息安全事件应急响应业务进行能力设计和实现外，还应注重强化对日常业务的支撑能力，以最大程度地发挥管理机构的能力和效力。

4. 协同作战能力

研判、处置重大网络信息安全事件，需要多个单位、部门和应急队伍进行支撑和协调，需要建设良好的通信保障基础设施，建立顺畅的信息沟通机制，并通过经常开展应急演练工作，使各单位、个人能够在面对不同类型的事件时，熟悉自己所承担的应急响应角色，熟练开展协同保障工作。

6.4.2 网络安全应急响应流程

随着国家信息化建设进程的加速，计算机信息系统和网络已经成为重要的基础设施。随着网络安全组件的不断增多，网络边界不断扩大，网络安全管理的难度日趋增大，各种潜在的网络信息危险因素与日俱增。虽然网络安全的保障技术也在快速发展，但实践证明，现实中无论多么完备的安全保护也无法抵御所有危险。因此，完善的网络安全体系要求在保护体系之外必须建立相应的应急响应体系。

为科学、合理、有序地处置网络安全事件，本书采纳了业内通常使用的 PDCERF 模型，如图 6-2 所示。PDCERF 模型将应急响应分成准备(Preparation)、检测(Detection)、抑制(Containment)、根除(Eradication)、恢复(Recovery)、跟踪(Follow-up)6 个阶段的工作，并根据网络安全应急响应总体策略对每个阶段定义了适当的目的，明确了响应顺序和过程。

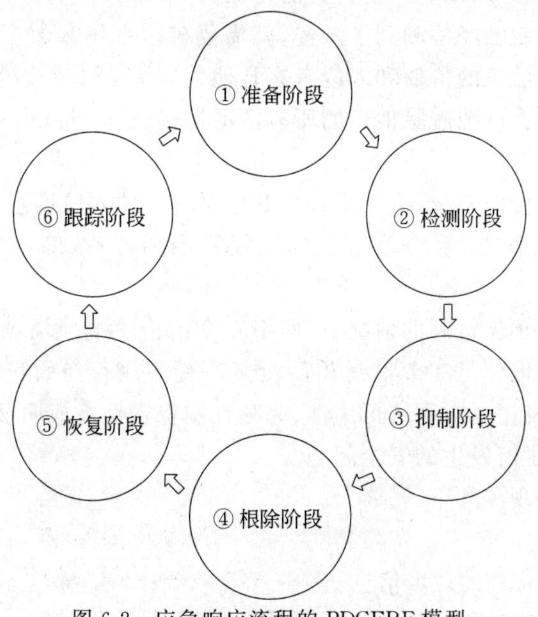

图 6-2 应急响应流程的 PDCERF 模型

1. 准备阶段

准备阶段的主要任务是选择、安装和熟悉应急响应过程中的协助工具及有助于收集和维护与入侵相关数据的工具，为所有的应用软件和操作系统创建启动盘或随计算机发行的运行启动存储介质。用可靠的启动盘（或 CD-ROM）让计算机以已知的预先设定的配置重新启动，这在相当程度上能保证被入侵后的文件、程序以及数据不会加载到系统中。

为了防止不可预期的变化，在试验计算机上安装可信任版本的系统；为了避免有意或无意的破坏，所有的介质应该处于硬件写保护状态。

建立一个包含所有应用程序和不同版本的操作系统的安全补丁库。确保备份程序足以使系统从任何损害中恢复。建立资源工具包并准备相关硬件设备资源工具包，包含在应急响应过程中可能要使用的所有工具。确保测试系统正确配置且可用在任何分析或测试中。使用被入侵的系统都可能导致这些系统进一步的暴露和损害。已被入侵的系统产生的任何结果都是不可靠的。此外，采用这样的系统或许会由于恶意程序而暴露正在进行的测试。使用物理和逻辑上与任何运行的系统和网络隔离的测试系统和测试网络。选择将被入侵的系统移到测试网络中，并且部署新安装的打过补丁的安全的系统，以便继续运行。在完成分析后，清除所有的磁盘，这样可以确保任何残留文件或恶意程序不影响将来的分析或任何正在测试系统上进行的工作，或者残留文件或恶意程序无意中被传到其他运行系统中，这在测试系统还有其他用途时是很关键的。备份所有被分析的系统，并保护分析结果，以备将来进一步的分析。

2. 检测阶段

检测阶段的主要任务是在发现可疑迹象或问题发生后进行一系列初步处理工作，分析所有可能得到的信息，以确定入侵行为的特征。

一旦入侵检测机制已经检测到了入侵，就需要确定系统和数据遭受入侵的程度。需要权衡收集尽可能多信息的价值和入侵者察觉他们的活动被发现的风险之间的关系。一些入侵者在被发现后会试图删除他们的所有活动痕迹，进一步破坏系统，这会使分析无法进行下去。

备份并隔离被入侵的系统，进一步查找其他系统上的入侵痕迹。检查防火墙、网络监视软件以及路由器的日志，确定攻击者的入侵路径和方法，确定入侵者进入系统后的活动。

在当前缺少安全预警机制的情况下，网络安全的应急响应活动主要还是立足于事中或事后的确认，而且，即使是在事中或事后，也不一定发现存在的安全问题，往往都是在已经造成破坏之后，即发生了对系统可用性、完整性和保密性造成明显破坏的行为或者是有用户投诉后，才会去了解发生的安全问题。

一般典型的事故现象如下：

（1）账号被盗用。

（2）出现很多骚扰性的垃圾信息。

（3）业务服务功能失效。

(4) 业务内容被明显篡改。

(5) 系统崩溃,资源不足。

3. 抑制阶段

抑制阶段的主要任务是限制事件扩散和影响的范围。抑制举措往往会对合法业务流量造成影响,最有效的抑制方式是尽可能地靠近攻击的发起端实施抑制。但是,一般情况下攻击包都会伪造源 IP 地址,在互联网这样的大型网络环境中往往难以确定攻击流的真正来源,因此靠近攻击发起端实施面向整个互联网的抑制操作,目前的抑制技术依然不成熟。

常见的抑制方式如下:

(1) 关闭受害的系统。

(2) 断开网络。

(3) 修改防火墙或路由器的过滤规则。

(4) 封锁或删除被攻破的登录账号。

(5) 关闭可被攻击者利用的服务功能。

4. 根除阶段

根除阶段的主要任务是通过事件分析查明事件危害的方式,并且拿出清除危害的解决方案。

对事件的确认仅是初步的事件分析。事件分析的目的是找出问题出现的根本原因。在事件分析的过程中主要有主动和被动两种方式。

主动方式是采用攻击诱骗技术,通过让攻击者侵入一个受监视的存在漏洞的系统,直接观察攻击者所采用的攻击方法。

被动方式是根据系统的异常现象去追查问题的根本原因。被动方式会综合运用下面的方法:

(1) 系统异常行为分析。这是在维护系统及其环境的特征白板的基础上,通过与正常情况进行比较,找出攻击者的活动轨迹以及攻击者在系统中植入的攻击代码。

(2) 日志审计。通过检查系统及其环境的日志信息和告警信息来分析是否有攻击者行为或者有哪些违规行为。

(3) 入侵监测。对于还在进行的攻击行为,入侵监测系统通过捕获并检测进出系统的数据流,利用攻击特征数据库,可以在事件分析过程中帮助安全人员定位攻击的类型。

(4) 安全风险评估。无论是利用系统漏洞进行的网络攻击还是感染病毒,都会对系统造成破坏,通过漏洞扫描工具或防病毒软件等安全风险评估工具扫描系统的漏洞或病毒,可以有效地帮助安全人员定位攻击事件。

在实际的事件分析过程中,往往会综合采用主动和被动的事件分析方法。特别是对于在网上自动传播的攻击行为,当采用被动方式难以分析出事件的根本原因的时候,采用主动方式往往会很有效。

最后,改变全部可能受到攻击的系统的口令,重新设置被入侵系统,消除所有的入侵路径,从最初的配置中恢复可执行程序(包括应用服务)和二进制文件,检查系统配置,确定是否有未修复的系统和网络漏洞并对其进行修复，限制网络和系统的暴露程度，改善保护机制，改善检测机制。

5. 恢复阶段

恢复阶段的主要任务是把被破坏的信息彻底地还原到正常运作状态。确定使系统恢复正常的需求和时间表，从可信的备份介质中恢复用户数据，启动系统和应用服务，恢复系统网络连接，验证恢复系统，观察其他的扫描、探测等可能表示攻击者再次入侵的信号。一般来说，要成功地恢复被破坏的系统，需要维护干净的备份系统，编制并维护系统恢复的操作手册，而且在系统重装后需要对系统进行全面的安全加固。

6. 跟踪阶段

跟踪阶段的主要任务是：回顾并整合应急响应过程的相关信息，进行事后分析总结；修订安全计划、策略、程序并进行训练，以防止再次遭受入侵；基于入侵的严重性和影响，确定是否进行新的风险分析；给系统和网络资产制定一个新的目录清单；如果需要，参与调查和起诉。这一阶段的工作对于准备阶段工作的开展起到重要的支持作用。

跟踪阶段的工作主要包括 3 个方面：

(1) 形成事件处理的最终报告。

(2) 检查应急响应过程中存在的问题，重新评估和修改应急响应过程。

(3) 评估应急响应人员在事件处理上存在的缺陷，事后进行有针对性的培训。

6.5 网络安全应急响应组织体系

6.5.1 网络安全应急响应组织体系一般模型

一般情况下，企事业单位的网络安全应急响应工作和网络信息安全保障工作由同一个团体负责，在组织上是合一的。网络安全应急响应工作的组织体系包括内部协调和外部协调两个方面。内部协调的对象主体是机构或企业内部组建的网络安全应急响应领导小组(或决策中心)、应急响应办公室、相关业务线或受影响的业务、各专项保障组以及技术专家组、咨询顾问组、市场公关组；外部协调的对象主体包括各相关政府部门、业务关联方、供应商(包括相关的设备供应商、软件供应商、系统集成商、服务提供商等)、专业安全服务厂商等。

值得注意的是，如果机构或企业的网络安全突发事件和经营业务的合作方、关联方有密切关系，那么应急响应办公室需考虑与合作方、关联方的协调，双方的法人主体地位是平等的，应保持密切沟通。其次，由于通常企业或机构缺乏高级安全人才，在出现重大安全事件之后，还要考虑引入专业安全厂商的力量，因为专业安全厂商的安全专家应对高级别的网络黑客行为和网络攻击更富有经验，在处理工具与策略上更具优势。

另外，之所以在机构或企业的网络安全应急响应领导小组中设置市场公关职能，是因为在新媒体日趋普及的传播环境下，企事业单位越来越重视公共舆论的传播，一旦内部网络发生安全事件，将可能会引起公共舆论的关切。特别是拥有大量用户的企业，一般会在官方媒体上与公众互动，发布企业应急响应的动态信息等。企业市场公关行为事关企业形象和声誉，因此将市场公关职能放在决策中心层面。

通用的网络安全应急响应组织体系如图6-3所示。

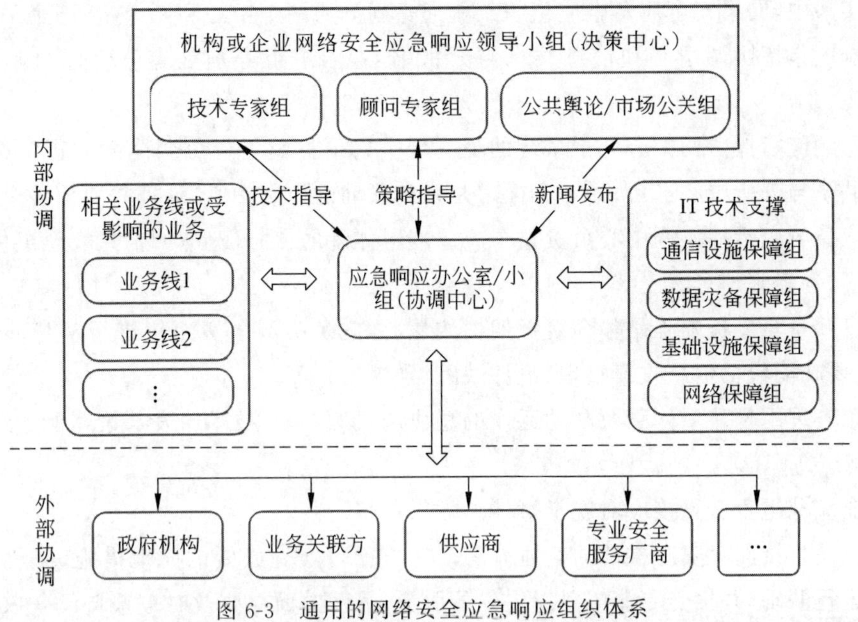

图6-3 通用的网络安全应急响应组织体系

内部协调方面，网络安全应急领导小组对网络安全应急工作进行统一指挥，应急响应办公室具体负责执行。例如，应急响应办公室负责各类上报信息的收集和整体态势的研判、信息的对外通报等。网络安全事件影响了机构或企业的某些业务，使之无法正常运行甚至瘫痪，需要业务线相关人员参与应急响应工作，配合查明原因，恢复业务。各专项保障组在应急响应办公室的领导下，承担网络系统安全应急处置与保障工作。技术专家组的任务是指导技术实施人员采取有效技术措施，及时诊断网络安全事故，及时响应。顾问专家组主要提供总体或专项策略支持。市场公关组负责对外的消息发布以及应急处置情况的公开沟通与回应。

在外部协调方面，应急响应办公室需要向政府相关部门及时通报情况，并沟通应急处置事宜。业务关联方、供应商也是外部协调对象。通常来说，专业安全服务厂商也是供应商的一种，但是从近年来的网络安全应急响应实践看，专业安全服务厂商的作用越来越大，也越来越受到各方的重视，因此在一般模型中将其单独列出。

需要强调的是，网络安全应急响应办公室是应急响应执行的关键组织保障，其负责人需要有足够的协调能力，还要有足够的权力，才能调动内部部门、主营业务领域的协同力量。机构或企业内部的专家咨询小组和技术咨询小组对网络安全应急响应的制度流程建设完善有重要支撑作用，在应急事件响应上也发挥参谋作用，并且需要和保障层的软件供应商、设备供应商、系统集成商、服务提供商以及专业安全服务厂商的相关技术支持人员密切配合。

6.5.2 网络安全应急响应内部组织架构与联动

1. 网络安全应急响应的内部组织架构

在实践中，网络安全应急响应组织架构通常划分为两个中心和两个组，两个中心分别是应急响应指挥协调中心和信息共享与分析中心，两个组分别是应急管理组和专业应急组。

应急响应指挥协调中心处于系统的最高层。它一方面负责协调体系的正常运行，维护信息共享与分析中心平台；另一方面也是系统联动的控制中心，管理并协调各个应急响应组。应急响应指挥协调中心负责整个应急响应体系的核心任务，如信息安全事件分类、应急响应、预案管理等。

信息共享与分析中心是整个组织架构的核心，它负责与各级组织进行信息共享和交换，其主要功能包括信息收集整理、事件跟踪、预警发布等。

应急管理组是整个体系及联动运作的总协调机构，包括技术研发与策略制定组、专家咨询组等。

专业应急组负责直接应对安全事件。

客户是直接面对安全事件的实体。客户一方面可实施必要的防范措施，必要时与其他实体进行联动，并接受专业应急组提供的服务；另一方面也要及时上报自己获取的安全事件信息。

2. 网络安全应急响应组织的联动

专家顾问组、应急小组、监测预警机构和指挥协调机构间的联动既依赖于安全事件，也依赖于安全策略的调整和安全管理职责的变更。联动响应工作流程可以是应急预案中的规定流程，也可以是指挥协调机构的临时指令。联动的目的是保证应急响应工作的有序、高效地运行。

指挥协调机构的任务是：负责应急响应的指挥、协调工作，指挥监测预警机构、应急小组和专家顾问组对突发的网络安全事件进行应急处置；协调各组织制订、修订相关的应急预案；组织应急预案演练；负责安全宣传教育与培训。

监测预警机构负责监测预警和风险评估控制、隐患排查整改工作，为整个组织提供实时监测及预警信息共享服务。

应急小组承担应急值守和事件收集、分析、上报工作，按照预案和指挥协调机构的指令执行系统升级、攻击遏制和杜绝、恢复重建等处理工作。专家顾问组根据指挥协调机构的要求为应急响应提供政策、法律、技术等方面的咨询与建议，提供安全教育、人员培训等服务，并根据监测预警机构的事件报告，分析事件的发展趋势，为应急小组提供处置措施和恢复方案。

6.5.3　网络安全应急响应关键运行机制

网络安全应急响应组织体系建立起来之后，最重要的就是建立高效的运行机制，保证应急措施顺利实施。根据业界实践过程中积累的经验，可以总结出以下 6 个主要运行机制。

1. 及时组建应急响应办公室，协调有力

尽早建立网络安全应急响应办公室，做好组织保证，准备好预案，并定期演练，积累实战能力。应急响应办公室的负责人要具备过硬的协调能力，同时也需要有足够的权力，方能对组织内各业务线、职能部门等人、财、物资源加以调度，保障应急响应顺利执行。

2. 充分调动组织内部资源，协力排查

应急响应部门下设的各技术线以及组织机构内部各业务线的资源(包括设备、网络、数据、安全保障、软件技术等各方力量)都需有效参与，协同作战，梳理可用线索或应急响应实施的突破点，从而实现迅速排查、定位网络安全问题。

3. 寻求外部支持

外部的支持，包括专业设备及服务供应商、相关的政府组织机构、业务合作方或关联方，都需要保持畅通的沟通，保证事件调查顺利推进。

4. 重大敏感问题由领导小组决策

必要时，组建高层挂帅的领导小组。可视情况而定。例如，事态发展超过应急响应办公室职能范围时，可设立网络安全应急响应工作领导小组，组长一般由机构企业最高层领导人员担任，从更高层面统筹网络安全应急响应工作的组织协调。例如，高层领导参与决策、提供优先资源，进行个别协调。此外，领导小组还可以就一些应急措施的风险评估作出权威决策，避免中层领导人员出现重大失误等。

5. 成立顾问小组

顾问小组包括决策支持专家、业务管理专家、安全实践专家，他们可以帮助组织宏观把握一些应急措施的部署，对大的外部形势进行判断，优化个别问题的流程，还可以为一线人员直接提供建议、现场指导。

6. 适时引入专业力量

专业技术顾问小组可以弥补机构或企业内部专业力量不足的缺点，毕竟内部设置高级安全人才在成本和管理上都会有障碍，因此需要外部拥有丰富经验的专业网络安全人才加入，也需要相应地调动、利用机构内部的技术人员团队，保证应急响应任务的高效推进。特别重要的是引入专业的网络安全服务厂商的人员和技术支持，毕竟网络安全服务厂商的人员最为专业，实战经验也最丰富。

一般企事业单位发生紧急网络安全事件的概率不高，因此，考虑成本等因素，没有必要聘用或储备网络安全专业技术领域高级人才。当出现突发应急事件时，可以聘请专业安全服务供应商的人员参与处理，尽快查明原因，及时惩治不法分子。

6.6 思考题

1. 简述传统的应急响应技术的特点。

2. 简述现代应急响应技术的发展趋势的特点。

3. 网络安全应急响应的管理可分为哪 6 个阶段？

4. 根据信息安全事件的起因、表现、结果等，信息安全事件可分为哪 7 个基本类型？

5. 根据我国网络安全事件的分类分级标准，将网络安全应急响应分成哪几级？

6. 简述企业网络安全应急响应工作的主要对象及特点。

7. 为建立良好的网络安全应急保障体系，使其能够真正有效服务于网络安全保障工作，应该重点加强哪几方面的能力？

8. 简述 PDCERF 模型。

第7章 灾难备份

网络恶意攻击的频发以及地震等自然灾害甚至恐怖袭击对企业信息系统都可能造成严重的破坏。因此，企业网络安全运营工作非常重要的一个目的就是保障信息系统，尤其是重要的业务系统能够持续、稳定地运行。为实现这个目标，就需要业务连续性管理(Business Continuity Management，BCM)。业务连续性管理是一项综合管理流程，它使企业认识到潜在的危机和相关影响，制订响应、业务和连续性的恢复计划，其总体目标是提高企业的风险防范能力，以有效地响应非计划的业务破坏并降低不良影响，确保企业的主要业务操作在任何时候都能够持续运转。

业务连续性管理的实施在组织上的保证至关重要，对各方面的要求也比较高。在国内，只有部分对业务持续运行非常看重的行业，例如银行等金融机构，实施得地比较好，大部分企业的工作重点是灾难备份和恢复。灾难备份是实现业务连续性管理的基础，也是必要的实现条件。灾难备份简称灾备，是指为了保障关键业务和应用在经历各种灾难后仍然能够最大限度地提供正常服务所进行的一系列系统计划及建设行为，其目的是确保关键业务持续运行以及减少非计划宕机时间。本章详细介绍灾备的基本知识，包括灾备概述、容灾规划以及容灾标准。

7.1 灾备概述

灾难是指由于人为或自然的原因造成信息系统运行严重故障或瘫痪，导致信息系统支持的业务功能停顿或服务水平不可接受的突发性事件。造成灾难的原因有很多，最常见的有自然灾难、人为灾难及技术灾难。

典型的灾难事件是自然灾难和人为灾难。自然灾难包括火灾、洪水、地震、飓风、龙卷风、台风等。自然灾难所产生的直接后果就是本地数据信息难以获取或保全，本地系统难以在短时间内恢复或重建，灾难对信息系统的影响和范围难以控制。人为灾难发生概率大，且表现形式多种多样，可直接造成重要数据信息的丢失或泄露、系统服务功能性能降低乃至丧失、软件系统崩溃或者硬件设备损坏。技术灾难包括设备故障(硬件损坏、电力中断等)、设计故障(软硬件设计故障等)。技术灾难会造成信息、数据受损或丢失。

由于各种灾难或突发事件而造成的业务服务中断，以及不能及时恢复系统导致的企业停止运营或丢失数据，会对企业的服务质量、声誉造成严重影响，因此灾难恢复问题成为人们关注的焦点。为了灾难恢复而利用技术、管理手段以及相关资源确保关键数据、关键数据处理系统和关键业务在灾难发生后可以恢复的过程就是灾难备份。

7.1.1 灾备概念

为了灾难恢复而对数据、数据处理系统、网络系统、基础设施、技术支持能力和运行管理能力进行备份的过程称为灾难备份。灾难备份是灾难恢复的基础，是围绕灾难恢复所进行的各类备份工作。灾难恢复包含灾难备份，但它更注重的是业务的恢复。

灾备可以大幅提高业务计算机系统抵御突发性灾难的能力，有效地保护重要数据，使重要业务数据可以在设定的时间内恢复，从而实现业务的连续运行，进而增强客户及潜在客户的信心，让企业在行业竞争中取得优势。

7.1.2 灾备策略

灾备策略主要分为备份策略和恢复策略。

1. 备份策略

备份策略包括一系列规则，其中有数据备份的数据类型、数据备份的周期以及数据备份的存储方式。制定备份策略目的是为了在设备发生故障或发生其他威胁数据安全的灾害时保护数据，将数据遭受破坏的程度减到最小。有效的备份策略应当可以区分很少变化的数据和经常变化的数据，并且对后者的备份要比对前者的备份更频繁。目前被采用得最多的备份策略主要有完全备份、增量备份和差异备份 3 种。

1）完全备份

完全备份是对全部数据执行备份操作，每天都对系统进行完全备份。完全备份可以在灾难发生后迅速恢复丢失的数据，但对整个系统进行完全备份会造成大量数据冗余，且由于需要备份的数据量较大，备份所需的时间也就较长。

2）增量备份

增量备份只备份上一次备份后数据的改变量，故而可以大大减少备份数据量，缩短备份时间。但当发生灾难时，利用增量备份恢复数据比较麻烦，也降低了备份的可靠性。在这种备份方式下，各备份介质间的关系环环相连，其中任何一个备份介质出了问题，都会导致整个备份链条脱节。

3）差异备份

差异备份就是每次备份的数据是相对于上一次完全备份之后新增加的和修改过的数据。差异备份策略在避免以上两种策略的缺陷的同时，又具有它们的所有优点。首先，差异备份无须每天都做系统完全备份，因此备份所需时间短，并且节省存储空间。其次，差异备份的灾难恢复很方便，系统管理员只需两盘磁带，即系统上一次完全备份的磁带与发生灾难前一天的备份磁带，就可以将系统完全恢复。

2. 恢复策略

恢复策略可以帮助企业进行灾难恢复，取回原先备份的文件。恢复策略包括 3 个方面的内容：灾难应对方案、灾难演习制度和灾难恢复制度。

1）灾难应对方案

灾难应对方案一般要从应用系统和恢复站点两个方面来考虑。根据应用系统的数据就绪级别和恢复站点级别的不同，灾难恢复策略被划分为不同的级别。有的灾难恢复系统不考虑数据恢复的时效问题，只要求在灾难发生后仍然能够恢复就可以了。有的灾难恢复系统则通过很高的数据一致性来实现即时自动恢复。

2）灾难演习制度

为了保证灾难恢复的可靠性，还要定期进行灾难恢复演习。这既有助于相关人员熟悉灾难恢复的操作过程，又可以检验灾备系统所生成的灾难恢复磁盘和备份是否可靠。

3）灾难恢复制度

准备好最近一次的灾难恢复磁盘和磁带，根据系统提示进行恢复，就可将系统恢复到备份时的状态。

7.1.3　容灾技术

容灾是指为信息系统提供的一个能应付各种灾难的环境，它可以帮助信息系统在灾难后尽快恢复。根据对灾难的抵抗程度，容灾技术可分为数据容灾、系统容灾和应用容灾。数据容灾是前提，只有保证数据能及时、完整地复制到灾备中心，才能在灾难发生时及时恢复受灾业务。系统容灾是实现灾难恢复的基础，要求信息系统本身具有容灾抗毁能力。应用容灾是使信息系统保持业务连续性、不间断服务的关键。

1. 数据容灾

数据容灾技术主要是建立一个异地的容灾中心，该中心是本地关键应用数据的一个可用复制、数据同步或异步复制。在本地数据及整个应用系统出现灾难时，系统至少在异地保存了一份可用的关键业务数据。该数据可以是对本地业务数据的完全实时复制，也可以比本地数据略微落后，但一定是可用的。

数据容灾包括数据的备份和恢复。数据备份是最基本的数据保护方法，是企业信息保护体系结构的核心，可以帮助企业进行灾难恢复。数据恢复以备份为基础。数据备份的方式有以下 4 种。

1）传统的磁带备份

传统的磁带备份是以人工的方式将数据从硬盘复制到磁带上，并将磁带传送到安全的地方。这种方式成本低且易于实现，但存在很大的安全风险，恢复的时间长。

2）磁带库备份

磁带库备份是通过网络将数据从磁盘复制到磁带库系统中。这种方式的恢复时间较短，服务可标准化，可以大大降低人工方式所带来的安全风险。它的缺点是在恢复过程中引入了网络延迟，依赖于磁带提供商，存储的数据比较难以恢复。

3）磁盘阵列

磁盘阵列是将多个类型、容量、接口甚至品牌一致的专用硬盘或普通硬盘连成一个阵列，使其能以某种快速、准确和安全的方式来读写磁盘数据，从而提高数据读取速度和安全性的一种手段。磁盘阵列读写方式的基本要求是：在尽可能提高磁盘数据读写速度的前提下，必须确保在一个或多个磁盘失效时，磁盘阵列能够有效地防止数据丢失。

4）磁盘镜像

磁盘镜像是通过广域网将写入生产系统磁盘或者磁盘阵列的数据同时写到异地的备份磁盘或者磁盘阵列中。磁盘镜像，尤其是远程磁盘镜像深受欢迎，主要是由于磁盘镜像的数据恢复时间很短，可以保证业务系统的连续可用。但磁盘镜像在硬件上的投资较大，要求两点间的网络带宽较大的。

2. 系统容灾

系统容灾技术可保护业务数据、系统数据，保证网络通信系统的可用性，避免计划外停机。系统容灾技术包括冗余技术、集群技术、网络恢复技术等。冗余技术主要对磁盘系统(RAID)、电源系统和网络进行备份，在系统的主部件发生故障时，冗余部件能代替主部件继续工作，避免系统停机。集群技术可以利用分散的主机保证操作系统的高可用性。网络恢复技术可以在交换机网络层实现动态网络路由重选，在不中断用户操作的情况下转入灾备中心。

3. 应用容灾

应用容灾技术是在数据容灾技术的基础上，异地建立一套与本地生产系统相当的完整的备份应用系统(可以是两者互为备份)。完整的应用容灾既要包含本地系统的安全机制、远程的数据复制机制，还要具有广域网范围的远程故障切换能力和故障诊断能力。一旦故障发生，系统要有强大的故障诊断和切换策略机制，确保快速的反应和迅速的业务接管，从而保护整个业务流程。建立这样一个系统是比较复杂的，不仅需要一份可用的数据副本，还需要网络、主机、应用甚至IP地址等资源以及各资源之间的良好协调。

应用容灾的实现技术要求高，通过负载均衡、应用集中和隔离、自动化监控等手段实现业务应用的连续性和高可用性。使用负载均衡技术不但可以保障业务负载不过于集中，还能实现故障的隔离与计划内停机维护。应用集中和隔离技术可以方便用户对IT系统进行管理，减少出现故障的可能性，同时，在部分应用发生故障时，可通过应用隔离减小故障带来的影响。自动化监控手段可以有效减少人工操作错误带来的故障，同时也能及时、有效地发现故障。

7.1.4 容灾指标

由于信息系统灾难涉及信息系统运行的诸多方面，因此，容灾抗毁能力已经成为信息系统安全性和可靠性的重要保障。其具体包括4个指标。

(1) 恢复点目标(Recovery Point Objective，RPO)指出现灾难之时到可以让业务继续运作的时间。如果RPO=0，相当于没有任何数据丢失；否则，就需要进行业务恢复处理，修复数据丢失。

(2) 恢复时间目标(Recovery Time Objective，RTO)指从IT系统宕机导致业务停顿开始，到IT系统恢复至可以支持各部门运作，使业务恢复运营的时间。在这个时间范围内，生产中心必须恢复生产，否则会造成无法容忍的损失。

(3) 降级操作目标(Degraded Operations Objective，DOO)指宕机恢复以后到第二次故障或灾难发生的时间。

(4) 网络恢复目标(Network Recovery Objective,NRO)指用户在灾难发生后连接到灾备中心的时间。

7.2 容灾规划

容灾规划是根据企业本身的业务特征、技术能力、财力、信息技术环境和对信息技术的依赖程度制定的一套应对信息系统灾难的措施,其目的是减少灾难对信息系统的关键业务流程造成的影响。

7.2.1 容灾规划概述

容灾规划包含了一系列灾难发生前、过程中和灾难结束后所采取的动作。容灾规划包括一系列应急计划。

1. 服务持续计划

服务持续计划(Business Continuity Plan,BCP)是为了防止正常业务行为中断而建立的计划。当面对由于自然或人为灾难以及由此造成的财产损失和正常业务中断时,BCP可以保护关键业务步骤。BCP的目标是最小化业务中断事件对公司造成的影响,降低财产损失风险,增强公司对于意外事件造成的业务中断的恢复能力。

2. 服务恢复计划

服务恢复计划(Business Recovery Plan,BRP)用于在紧急事件后对业务的恢复。与BCP不同的是,BRP在整个紧急事件或中断过程中缺乏确保关键业务连续性的规程。BRP的制定应该与灾难恢复计划及BCP进行协调。BRP应该附加在BCP之后。

3. 运行连续性计划

运行连续性计划(Continuity of Operations Plan,COOP)关注位于机构(通常是总部)备用站点的关键功能以及这些功能在恢复到正常操作状态之前最多30天的运行。

4. 事故响应计划

事故响应计划(Incident Response Plan,IRP)建立针对机构的IT系统攻击的响应规程。这些规程用来协助安全人员对有害的计算机事故进行识别、消减并对系统进行恢复。

5. 场所紧急计划

场所紧急计划(Occupant Emergency Plan,OEP)在可能对人员的安全健康、环境或财产构成威胁的事件发生时为设施中的人员提供反应规程。在设施级别制订OEP时与特定的地理位置和建筑结构有关。

6. 危机通信计划

机构应该在灾难之前做好其内部和外部通信规程的准备工作。危机通信计划(Crisis Communication Plan,CCP)通常由负责公共联络的机构制定。危机通信计划规程应该和所有其他计划协调以确保只有受到批准的内容作为附录包含在BCP中。

7. 灾难恢复计划

灾难恢复计划(Disaster Recovery Plan,DRP)包括在事前、事中和灾难对信息系统资源造成重大损失后所采取的行动。灾难恢复计划是对于紧急事件的应对过程。在业务中断的情况下提供后备的操作,在事后进行恢复和抢救工作。DRP应用于重大的、通常是灾难性的、造成长时间无法对正常设施进行访问的事件。DRP能够在另外的站点提供关键步骤,并且在一个时间段内恢复主站的正常运行,通过迅速的恢复步骤来最小化企业的损失。

灾备规划的目的是确保关键业务持续运行以及减少非计划宕机时间。所有与灾备方案相关的计划都应在灾备方案本身、宕机时间和实施灾备方案所需成本三者之间找到一个平衡点。

7.2.2 容灾方案级别

容灾方案可供选择的范围很大,但所有的容灾方案都必须考虑的因素包括恢复时间、实施与维护容灾策略所需的投入等。容灾方案的制定依据分为3个层次:第一层次为国际标准,以SHARE78最具有代表性;第二层次为国家标准,如国务院信息化工作办公室颁布的GB/T 20988—2007《信息系统灾难恢复规范》;第三层次就是行业的法规。

国际标准SHARE78将灾难恢复分成7个层次。从存储结构角度,SHARE78涵盖了本地磁盘备份、异地存储备份、实时切换的异地备份系统。从恢复时间角度,SHARE78涵盖了几天、几小时、几分钟、几秒,即零数据丢失。IBM公司的《容灾白皮书》根据这7个层次定义了8个级别(0～7级)的容灾方案。

1. 0级:无异地备份数据(no off-site data)

对于使用0级灾难恢复解决方案的业务,可称其为没有灾难恢复计划,如图7-1所示,主要表现为以下两个方面:

(1) 数据仅在本地进行备份恢复,没有任何数据信息和资料被送往异地,没有处理意外事故的计划。

(2) 在此种情况下,恢复时间不可预测,事实上也不可能恢复。

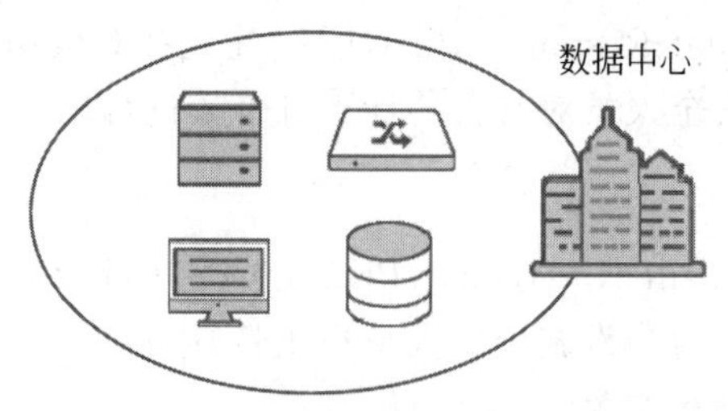

图7-1 0级灾难恢复解决方案

2. 1级:有数据备份,无备用系统(data backup with no hot site)

使用1级灾难恢复解决方案的业务通常将需要的数据备份到磁带上,然后将这些介质运送到其他较为安全的地方,但在那里缺乏能恢复数据的系统。若数据备份的频率很高，则在恢复时丢失的数据就会少些。1级灾难恢复解决方案如图7-2所示。此类业务应允许几天乃至几星期的数据丢失。

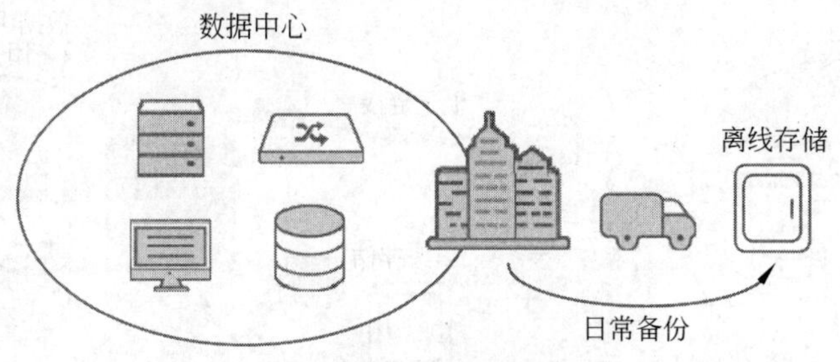

图7-2　1级灾难恢复解决方案

3.2级：有数据备份，有备用系统(data backup with hot Site)

使用2级灾难恢复解决方案的业务会定期将数据备份到磁带上，并将其运到安全的地点。在备份中心有备用的系统，当灾难发生时，可以使用这些数据备份磁带来恢复系统。虽然还需要数小时或几天的时间来恢复数据以使业务可用，但不可预测的恢复时间减少了。

2级灾难恢复解决方案如图7-3所示。2级解决方案相当于在1级解决方案上增加了备份中心的灾难恢复。备份中心拥有足够的硬件和网络设备来维持关键应用的安装需求，这样的应用是十分关键的，它必须在灾难发生的同时在异地有正在运行的硬件提供支持。这种灾难恢复方式依赖于PTAM(Pickup Truck Access Method，卡车运送访问方法)将日常数据放入仓库，当灾难发生的时候，再将数据恢复到备份中心的系统上。虽然备份中心的系统增加了成本，但明显缩短了灾难恢复时间，系统可在几天内得以恢复。

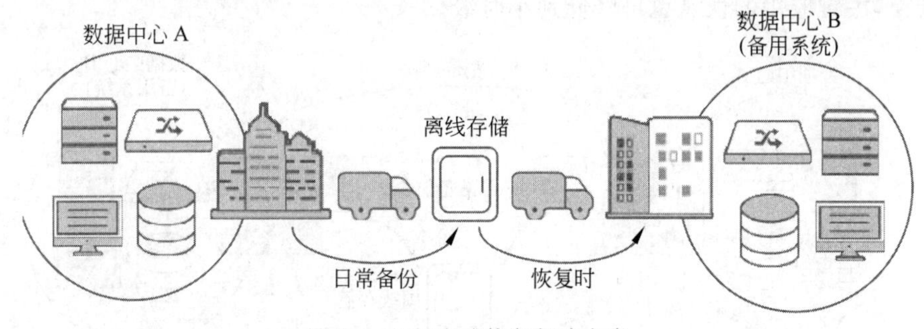

图7-3　2级灾难恢复解决方案

4.3级：电子链接(electronic vaulting)

使用3级解决方案的业务是在2级解决方案的基础上又使用了对关键数据的电子链接技术。3级灾难恢复解决方案如图7-4所示，通过电子链接对磁带备份后更改的数据进行记录，并传到备份中心，使用这种方法会比使用传统的磁带备份更快地得到更新的数据。所以，当灾难发生后，只有少量的数据需要重新恢复，恢复时间进一步缩短。

由于备份中心要保持持续运行，与生产中心间的通信线路要保障畅通，增加了运营成本。但这消除了对运输工具的依赖,提高了灾难恢复速度。大机构使用的灾难恢复方案基本在3级及以上。

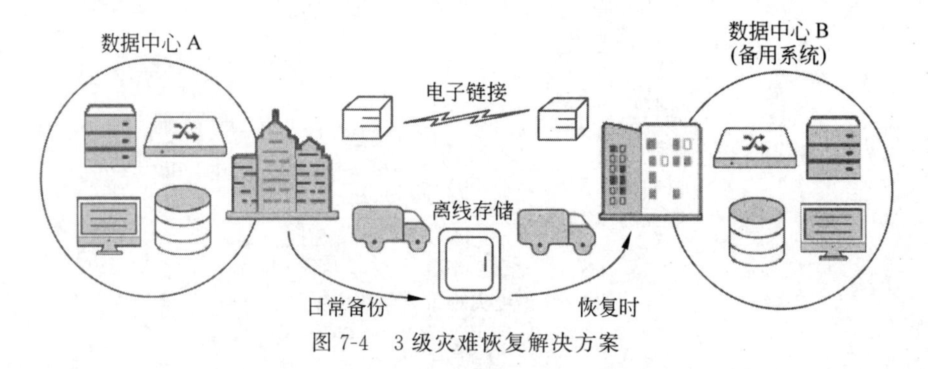

图 7-4　3级灾难恢复解决方案

5. 4级：使用快照技术复制数据(point-in-time copies)

使用4级恢复方案的业务对数据的实时性和快速恢复性要求更高。1～3级的方案中主要使用磁带备份和传输,在4级方案中开始使用基于磁盘的解决方案。此时仍然会出现几个小时的数据丢失,但同基于磁带的解决方案相比,通过加快备份频率,使用最近时间点的快照恢复数据速度更快,系统可在一天内恢复。

4级灾难恢复解决方案程如图7-5所示。4级方案可以有两个数据中心同时处于活动状态并管理彼此的备份数据,允许备份活动在任何一个方向发生。接收方硬件必须保证与另一方平台在地理上分离,在这种情况下,工作负载可能在两个中心之间分配,数据中心A成为数据中心B的备份,反之亦然。在两个数据中心之间,彼此的在线关键数据的副本不停地相互传送着。在灾难发生时,需要的关键数据通过网络可迅速恢复,通过网络的切换,关键应用的恢复也可降低到小时级。

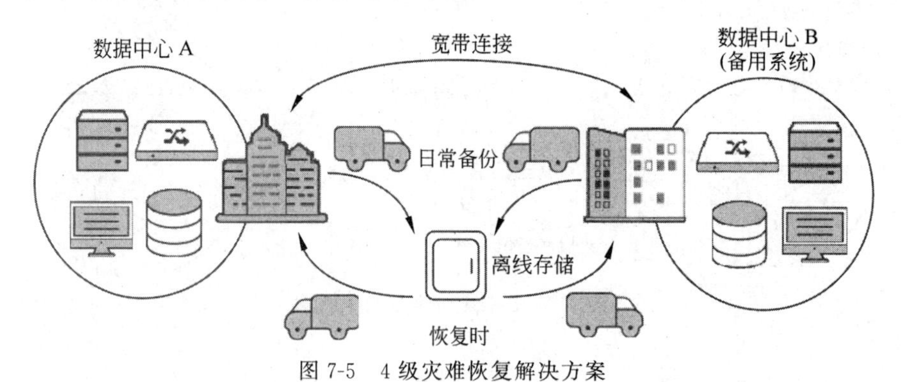

图 7-5　4级灾难恢复解决方案

6. 5级：交易的完整性(transaction integrity)

使用5级灾难恢复解决方案的业务要求保证生产中心和数据备份中心数据的一致性。在5级方案中只允许少量数据丢失甚至是无数据丢失,但是该功能的实现完全依赖于所运行的应用。

如图7-6所示,5级方案除了使用4级方案的技术外,还要维护数据的状态,要保证在本地和远端数据库中都更新数据。只有当两地的数据都更新完成后,才认为此次事务成功。生产中心和备份中心是由高速的宽带连接的,关键数据和应用同时运行在两个地点。当灾难发生时,只有正在进行的事务数据会丢失。由于恢复数据量的减少,恢复时间也大大缩短。

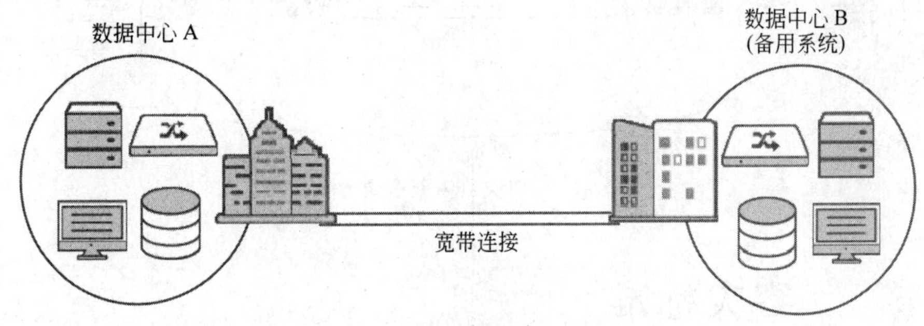

图7-6　5级灾难恢复解决方案

7.6级:无数据丢失或少量数据丢失(zero or little data loss)

6级灾难恢复解决方案可以保障最高一级数据的实时性。适用于那些几乎不允许数据丢失并要求能快速将数据恢复到应用中的业务。这种解决方案提供数据的一致性,不依赖于应用,而是靠大量的硬件技术和操作系统软件来实现的。这一级别的要求很高,一般需要整个系统应用程序层到硬件层均采取相应措施。

(1) 应用程序层采用基于事务的方法开发。

(2) 数据库可以采取数据复制: IBM-DB2-HADR、IBM-Informix-HDR、Oracle-Oracle-Dataguard等。

(3) 操作系统使用集群软件、站点迁移软件和数据复制软件。

(4) 硬件层使用同步的数据复制: IBM-ESS-PPRC、IBM-DS4000-RM、EMC-SRDF;或使用带有Consistancy-Group功能的异步数据复制: IBM-ESS-PPRC、IBM-DS4000-RM。

8.7级:高度自动的商业集成解决方案(highly automated,business integrated solution)

7级灾难恢复解决方案在6级方案的基础上集成了自主管理的功能,如图7-7所示。7级方案在保障数据一致性的同时,又增加了应用的自动恢复能力,使得系统和应用恢复的速度更快、更可靠(按照灾难恢复流程,手工操作也可实现整个恢复过程)。

7级可以实现零数据丢失率,同时保证数据立即自动地被传输到恢复中心。7级方案被认为是灾难恢复的最高级别,在本地和远程的所有数据被更新的同时,利用了双重在线存储和完全的网络切换。7级是灾难恢复中最昂贵的方式,但也是速度最快的方式。当一个数据中心发生灾难时,7级能够提供一定程度的跨站点动态负载平衡和自动系统故障切换功能。现在已经证明,为实现有效的灾难恢复,无须人工介入的自动站点故障切换功能必须被纳入考虑范围。

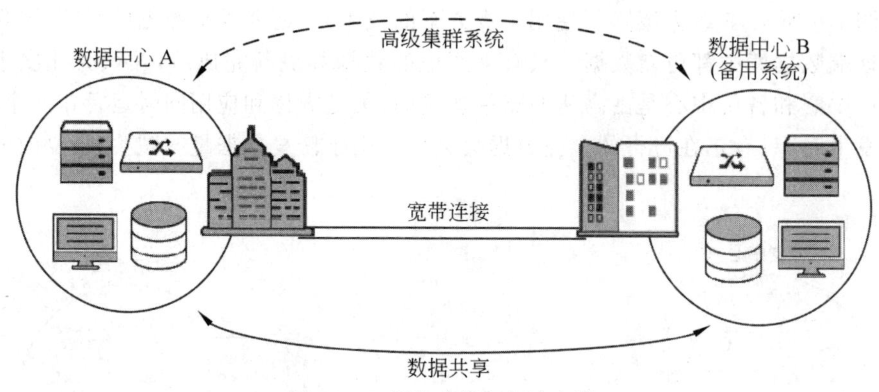

图 7-7　7 级灾难恢复解决方案

7.3 容灾标准

国家对信息系统灾备建设高度重视，在政策支持方面逐渐加大力度，颁布了一系列灾备行业相关的法律和法规，建立了适合我国信息化系统的灾备标准体系，为国家信息化建设提供了信息安全保障。

7.3.1 国家标准

2003 年，中共中央办公厅颁布的《国家信息化领导小组关于加强信息安全保障工作的意见》中首次提到灾备的概念，提出基础网络和重要信息系统的建设要充分考虑抗毁性和灾难恢复，制定和不断完善信息安全应急处置预案。

2004 年，国务院信息化工作办公室发布的《关于做好重要信息系统灾难备份工作的通知》提出需要提高抵御灾难和重大事故的能力，确保重要信息系统的数据安全和作业连续性。

2005 年，国务院信息化工作办公室发布的《关于印发〈重要信息系统灾难恢复指南〉的通知》指明了灾难恢复工作的流程、等级划分和预案的制订框架。

2007 年，国务院信息化工作办公室颁布的 GB/T 20988—2007《信息系统灾难恢复规范》规定了灾难恢复工作的流程、灾难恢复等级以及灾难恢复方案设计、预案、演练等框架。该标准是灾备行业目前唯一的国家标准，对国内重点行业及相关行业的灾难备份与恢复工作的开展与实施有积极指导意义。

2013 年，全国信息安全标准化技术委员会颁布的《灾难恢复中心建设与运维管理规范》定义了灾备中心建设的全生命周期，规定了灾备中心的运维工作内容等。

7.3.2 行业标准

在国家积极制定灾难备份国家标准的同时，灾难备份相关重点行业(尤其是银行、电力、铁路、民航、证券、保险、海关、税务八大行业)也纷纷加快了对信息系统灾难备份行业标准的制定。其中，银行业、证券业和保险业在灾备相关标准制定过程中进展较为迅速。

1. 银行业相关法规条款

《商业银行操作风险管理指引》第十九条中规定："商业银行应当制定与其业务规模和复杂性相适应的应急和业务连续方案，建立恢复服务和保证业务连续运行的备用机制，并应当定期检查、测试其灾难恢复和业务连续机制，确保在出现灾难和业务严重中断时这些方案和机制的正常执行。"此规定涉及了与业务连续和灾难恢复相关的内容，明确了银行业应制定适当的业务连续性规划。

《银行业金融机构信息系统风险管理指引》第二十九条中规定："银行业金融机构应制定信息系统应急预案，并定期演练、评审和修订。省域以下数据中心至少实现数据备份异地保存，省域数据中心至少实现异地数据实时备份，全国性数据中心实现异地灾备。"此规定明确了银行业金融机构的数据备份要求。

2. 证券业相关法规条款

《证券期货业信息系统安全等级保护基本要求》对应用安全和数据安全方面的灾备提出了明确的要求。《证券公司集中交易安全管理技术指引》明确了灾难备份BCP(业务连续性计划)的3个具体指标，提出："RPO(恢复点目标)、RTO(恢复时间目标)、DOO(运行性能降低预期)是衡量灾难恢复性能好坏的关键指标，应分别达到：RPO＜16min，RTO＜1h，DOO＜50％。"《证券公司集中交易安全管理技术指引》第四十七条规定："应定期组织灾难备份应急预案和应急计划的演练，至少每年两次，并根据演练的结果和发现的问题进行总结，对系统和应急方案进行优化及完善。"明确了灾难备份预案演练周期。

3. 保险业相关法规条款

保险监督管理委员会下发的《关于做好重要信息系统灾难备份工作的通知》要求保险企业需要确定本单位的灾难恢复目标和建设模式，制订完善的灾难恢复计划。保险监督管理委员会发布了《保险业信息系统灾难恢复管理指引》，对保险机构信息系统灾备建设进度和灾难恢复能力提出了明确要求："保险机构应统筹规划信息系统灾难恢复工作，自本指引生效起五年内至少达到本指引规定的最低灾难恢复能力等级要求。"

7.4 思考题

1. 简述灾难与灾备的定义。
2. 简述备份策略和恢复策略。
3. 简要分析数据容灾。
4. 容灾指标有哪些？
5. 请说出3个容灾的应急计划。
6. "有数据备份，有备用系统"是哪一级容灾方案？简要分析它的实现。

附录A 英文缩略语

ADN　Application Delivery Networking　应用交付网络
APT　Advanced Persistent Threat　高级持续性威胁
BCM　Business Continuity Management　业务连续性管理
BCP　Business Continuity Plan　服务持续计划
BGP　Border Gateway Protocol　边界网关协议
BRP　Business Recovery Plan　服务恢复计划
B/S　Browser/Server　浏览器/服务器
CCP　Crisis Communication Plan　危机通信计划
CDN　Content Delivery Network　内容分发网络
COOP　Continuity of Operations Plan　运行连续性计划
CSRF　Cross-site Request Forgery　跨站请求伪造
CSS　Cascading Style Sheets　层叠样式表
DDoS　Distributed Denial of Service　分布式拒绝服务
DFRWS　Digital Forensic Research Workshop　数字取证研究工作组
DM　Data Mining　数据挖掘
DMZ　Demilitarized Zone　非军事化区域
DOO　Degraded Operations Objective　降级操作目标
DoS　Denial of Service　拒绝服务
DRP　Disaster Recovery Plan　灾难恢复计划
EBP　Extended Base Pointer　扩展基址指针(寄存器)
ESMTP　Extended Simple Mail Transfer Protocol　扩展简单邮件传送协议
ESP　Extended Stack Pointer　扩展栈指针(寄存器)
HMM　Hidden Markov Model　隐马尔可夫模型
IDS　Intrusion Detection System　入侵检测系统
IMAP　Internet Mail Access Protocol　互联网邮件访问协议
IPS　Intrusion Prevention System　入侵防御系统
IRP　Incident Response Plan　事故响应计划
NAS　Network Attached Storage　网络附属存储
NRO　Network Recovery Objective　网络恢复目标
NSSA　Network Security Situation Awareness　网络安全态势感知

OEP Occupant Emergency Plan 场所紧急计划
OFTP Off-Line Transaction Processing 脱机事务处理
OLAP On-Line Analytical Processing 联机分析处理
OLTP On-Line Transaction Processing 联机事务处理
POP3 Post Office Protocol Version 3 邮局协议第3版
QoS Quality of Service 服务质量
RPO Recovery Point Objective 恢复点目标
RTO Recovery Time Objective 恢复时间目标
SA Situation Awareness 态势感知
SAN Storage Area Networking 存储区域网络
SMTP Simple Mail Transfer Protocol 简单邮件传送协议
SOC Security Operations Center 安全运营中心
SSL Secure Socket Layer 安全套接层
USAF United States Air Force 美国空军
VPN Virtual Private Network 虚拟专用网
WAF Web Application Firewall Web应用防火墙
XSS Cross-Site Scripting 跨站脚本

参考文献

[1] 祝世雄，陈周国，张小松，等.网络攻击追踪溯源[M].北京：国防工业出版社，2015.

[2] 刘晓辉.交换机·路由器·防火墙[M].3版.北京：电子工业出版社，2015.

[3] 王达.深入理解计算机网络[M].北京：机械工业出版社，2013.

[4] 张炳帅.Web安全深度剖析[M].北京：电子工业出版社，2015.

[5] 吴翰清.白帽子讲Web安全[M].北京：电子工业出版社，2014.

[6] Rhee M Y.无线移动网络安全[M].2版.葛秀慧，译.北京：清华大学出版社，2016.

[7] Sanders C，Smith J.网络安全监控：收集、检测和分析[M].李柏松，李燕宏，译.北京：机械工业出版社，2016.

[8] 刘璇.白帽子讲Web扫描[M].北京：电子工业出版社，2017.

[9] 王占京，张丽诺，雷波.VPN网络技术与业务应用[M].北京：国防工业出版社，2012.

[10] 李艳鹏，杨彪.分布式服务架构：原理、设计与实战[M].北京：电子工业出版社，2017.

[11] Stallings W.密码编码学与网络安全：原理与实践[M].6版.唐明，李莉，杜瑞颖，等译.北京：电子工业出版社，2015.

[12] Stallings W，Brown L.计算机安全：原理与实践[M].3版.贾春福，高敏芬，译.北京：机械工业出版社，2016.

[13] Monte M.网络攻击与漏洞利用：安全攻防策略[M].晏峰，译.北京：清华大学出版社，2017.

[14] 邱永华.XSS跨站脚本攻击剖析与防御[M].北京：人民邮电出版社，2013.

[15] 鲍旭华，洪海，曹志华.破坏之王——DDoS攻击与防范深度剖析[M].北京：机械工业出版社，2014.

[16] Bodmer S，Kilger M，Carpenter G，等.请君入瓮——APT攻防指南之兵不厌诈[M].SwordLea，Archer，译.北京：人民邮电出版社，2014.

[17] 贾如春，周晓花，陈新华，等.数据安全与灾备管理[M].北京：清华大学出版社，2016.

[18] 中国科协学会学术部.国土信息安全与异地容灾备份[M].北京：中国科学技术出版社，2015.

[19] 葛长芝，鲁盈盈，欧仕强.质量全面管控：从项目管理到容灾测试[M].北京：电子工业出版社，2017.

[20] 胡冠宇，张邦成，周志杰，等.基于置信规则库的网络安全态势感知[M].北京：科学出版社，2017.

[21] Jajodia S，Liu P，Swarup V，等.网电空间态势感知问题与研究[M].余健，游凌，樊龙飞，等译.北京：国防工业出版社，2014.

[22] Koch W.跟踪和传感器数据融合[M].何佳洲，顾浩，蒲勇，等译.北京：科学出版社，2017.

[23] 万少华.无线传感器网络数据融合与路由的研究[M].北京：中国社会科学出版社，2015.

[24] Marcella A J，Guillossou F.网络取证：从数据到电子证据[M].高洪涛，译.北京：中国人民公安大学出版社，2015.

[25] Hosmer C.电子数据取证与Python方法[M].张俊，译.北京：电子工业出版社，2017.

[26] 张亚平.浅谈计算机网络安全和防火墙技术[J].中国科技信息，2013(11)：96.

[27] 罗鹏.论计算机网络安全问题的分析与研究[J].网络安全技术与应用，2017(04)：60-61.

[28] 刘欣勇,梁果.计算机网络安全漏洞检测技术探究[J].通信世界,2017(08):58-59.
[29] 齐法制,孙智慧,姚辉,等.基于 SDN 的高能物理数据交换虚拟专用网研究[J].计算机工程与应用,2014(12):106-110,114.
[30] 王宇,陆松年.Web 应用防火墙的设计与实现[J].信息安全与通信保密,2011(05):104-106.
[31] 王隆娟,杜文才,姚孝明.浅谈无线网络安全问题[J].信息安全与技术,2010(06):87-90,93.
[32] 孙其博.移动互联网安全综述[J].无线电通信技术,2016(02):1-8.
[33] 林东岱,田有亮,田呈亮.移动安全技术研究综述[J].保密科学技术,2014(03):4-25.
[34] 罗军舟,吴文甲,杨明.移动互联网:终端、网络与服务[J].计算机学报,2011(11):2029-2051.
[35] 杨兴华.基于 B/S 架构漏洞扫描技术的研究与实现[D].北京:北京邮电大学,2015.
[36] 王扬品,程绍银,蒋凡.Web 应用漏洞扫描系统[J].计算机系统应用,2015(12):58-63.
[37] 孙鑫斌,赵俊峰,姜帆,等.基于实时关联分析算法及 CEP 的大数据安全分析模块研究与实现[J].电力信息与通信技术,2017(12):47-53.
[38] 李春强,丘国伟.基于态势感知平台的网络安全威胁管理研究[J].网络空间安全,2017(01):19-23.
[39] 乐湘云.网络安全威胁与对策[J].科技资讯,2017(08):19-23.
[40] 邓若伊,余梦珑,丁艺,等.以法制保障网络空间安全构筑网络强国——《网络安全法》和《国家网络空间安全战略》解读[J].电子政务,2017(02):2-35.
[41] 陈兴蜀,曾雪梅,王文贤,等.基于大数据的网络安全与情报分析[J].工程科学与技术,2017(03).
[42] 吕琎.网络攻击的成因及防范剖析[J].通信世界,2016(12):10-11.
[43] 田晓明,邬家炜,陈孝全.基于 DDoS 攻击的检测防御模型的研究[J].小型微型计算机系统,2009,31:14-16.
[44] 曹雪峰,尚宇辉,傅冬颖.基于虚拟网络的入侵防御系统实验设计与实现[J].实验技术与管理,2017(05):109-114.
[45] 刘成.试论入侵检测技术在网络安全中的应用与研究[J].网络安全技术与应用,2016(02):16,18.
[46] 刘淼,谢冬青,王刚.Web 攻击与防范实验设计[J].实验室科学,2016(02):84-86.
[47] 蒋华,徐中原,王鑫.基于行为的 XSS 攻击防范方法[J].计算机工程与设计,2014,(06):1911-1914,1925.
[48] 齐林,王静云,蔡凌云,等.SQL 注入攻击检测与防御研究[J].河北科技大学学报,2012,33(06):530-533.
[49] 王世伟.论信息安全、网络安全、网络空间安全[J].中国图书馆学报,2015,(02):72-84.
[50] 付钰,李洪成,吴晓平,等.基于大数据分析的 APT 攻击检测研究综述[J].通信学报,2015(11):1-14.
[51] 杨红兵.借助计算机灾备系统拓展其作用[J].数字技术与应用,2016(05):227.
[52] 莫英红,黄华林,谢朋宇.企业级信息系统应用级灾备建设与应用[J].广西电力,2016,39(04):46-49.
[53] 蔡诗威,刘陈昕.面向云计算数据中心的灾难备份解决方案[J].电信快报,2015(10):45-48.
[54] 王玉琴,潘凯岩,刘海波.区域灾备系统在 EMS 系统中的建设探究[J].电气技术,2016(12):113-116,129.
[55] 朱铁兰,谢永强,张卫国,等.容灾备份系统灾难恢复能力评估指标分析[J].通信技术,2016(10):1375-1381.
[56] 张国强.信息系统灾难恢复能力评估指标体系及度量方法[D].郑州:解放军信息工程大学,2012.
[57] 席荣荣,云晓春,张永铮,等.一种改进的网络安全态势量化评估方法[J].计算机学报,2015,38

(04): 749-758.

[58] 刘效武,王慧强,吕宏武,等.网络安全态势认知融合感控模型[J].软件学报,2016,27(08): 2099-2114.

[59] 龚正虎,卓莹.网络态势感知研究[J].软件学报,2010,21(07): 1605-1619.

[60] 龚俭,臧小东,苏琪,等.网络安全态势感知综述[J].软件学报,2016(11): 1010-1026.

[61] 张晓勇.基于多源异构数据融合的概念层次体系构建及其应用研究[D].南京: 南京理工大学,2016.

[62] 殷瑞飞.数据挖掘中的聚类方法及其应用—基于统计学视角的研究[D].厦门: 厦门大学,2008.

[63] 刘效武,王慧强,赖积保,等.基于多元异质融合的网络安全态势生成与评价[J].系统仿真学报,2010,22(06): 1411-1415.

[64] 黄漫国,樊尚春,郑德智,等.多传感器数据融合技术研究进展[J].传感器与微系统,2010,29(03): 5-8.

[65] 王勇.基于博弈理论的无线传感器网络数据融合算法[J].计算机应用与软件,2015,32(12): 92-96.

[66] 邱立达,刘天键,傅平.基于深度学习的无线传感器网络数据融合[J].计算机应用研究,2016,33(01): 185-188.

[67] 马永军,薛永浩,刘洋,等.一种基于深度学习模型的数据融合处理算法[J].天津科技大学学报,2017(04): 71-74,78.

[68] 陈周国,蒲石,郝尧,等.网络攻击追踪溯源层次分析[J].计算机系统应用,2014(01): 1-7.

[69] 傅俊博.电子数据取证技术发展趋势浅析[J].信息与电脑(理论版),2016(02): 68-69.

[70] 陈碧秀,杨佳悦,施剑朕.论新时代电子数据取证[J].信息网络安全,2013(07): 93-96.

[71] 赵慧博.浅谈网络攻击源追踪技术的分类及展望[J].电子测试,2016(12): 71-72.

[72] 郝尧,陈周国,蒲石,等.多源网络攻击追踪溯源技术研究[J].通信技术,2013(12): 77-81.

图书资源支持

感谢您一直以来对清华版图书的支持和爱护。为了配合本书的使用，本书提供配套的资源，有需求的读者请扫描下方的“书圈”微信公众号二维码，在图书专区下载，也可以拨打电话或发送电子邮件咨询。

如果您在使用本书的过程中遇到了什么问题，或者有相关图书出版计划，也请您发邮件告诉我们，以便我们更好地为您服务。

资源下载、样书申请

书圈

我们的联系方式：

地　　址：北京市海淀区双清路学研大厦 A 座 701

邮　　编：100084

电　　话：010-83470236　010-83470237

资源下载：http://www.tup.com.cn

客服邮箱：2301891038@qq.com

QQ：2301891038（请写明您的单位和姓名）

扫一扫，获取最新目录

课 程 直 播

用微信扫一扫右边的二维码，即可关注清华大学出版社公众号“书圈”。